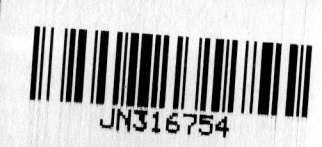

世界で一番美しい

海のいきもの図鑑

吉野雄輔｜著　武田正倫｜監修

創元社

Contents

青一色の世界に身をおく。とても静かだ。

水面に太陽の光が揺れている。

シーンという音が聞こえるような気がした。

時間や場所によって、海はかわりつづけ、七色の青をみせてくれた。

水深25メートル、一人海底にいると、とても遠くまで来た気がした。

−25m　Rowley Shoals　Australia

−1m Azores Is Portugal

形

ウィーディーシードラゴン
全長 30cm｜オーストラリア エスペランサ｜水深 10m
海藻の森の中であまり動かず、浮かぶように暮らす。
動かないことが、目立たないことでもある。

海に棲むドラゴン

　長い間、僕のあこがれだった龍の名をもらった魚に会うために、日本を離れ数十時間飛んだろうか、ずいぶん遠くに来た気がした。南オーストラリアのエスペランサ。初めての海で、彼らを見つけることができるだろうか？　不安をかかえながら、冷たい寒流の海に入る。
　一面に海藻が広がる、少し暗く重たく感じる緑がかった水の色の海に、シードラゴンたちはいた。写真でしか見たことがなかった彼らは、海藻の間でじっと浮かぶようにこちらを見ていた。静かに近づく。撮影されるのがいやなのか、彼らが少し体を波打たせながら移動する。
　それはいつか見た中華街のお祭りで、沢山の人に操られ、練り歩く龍に似ていた。

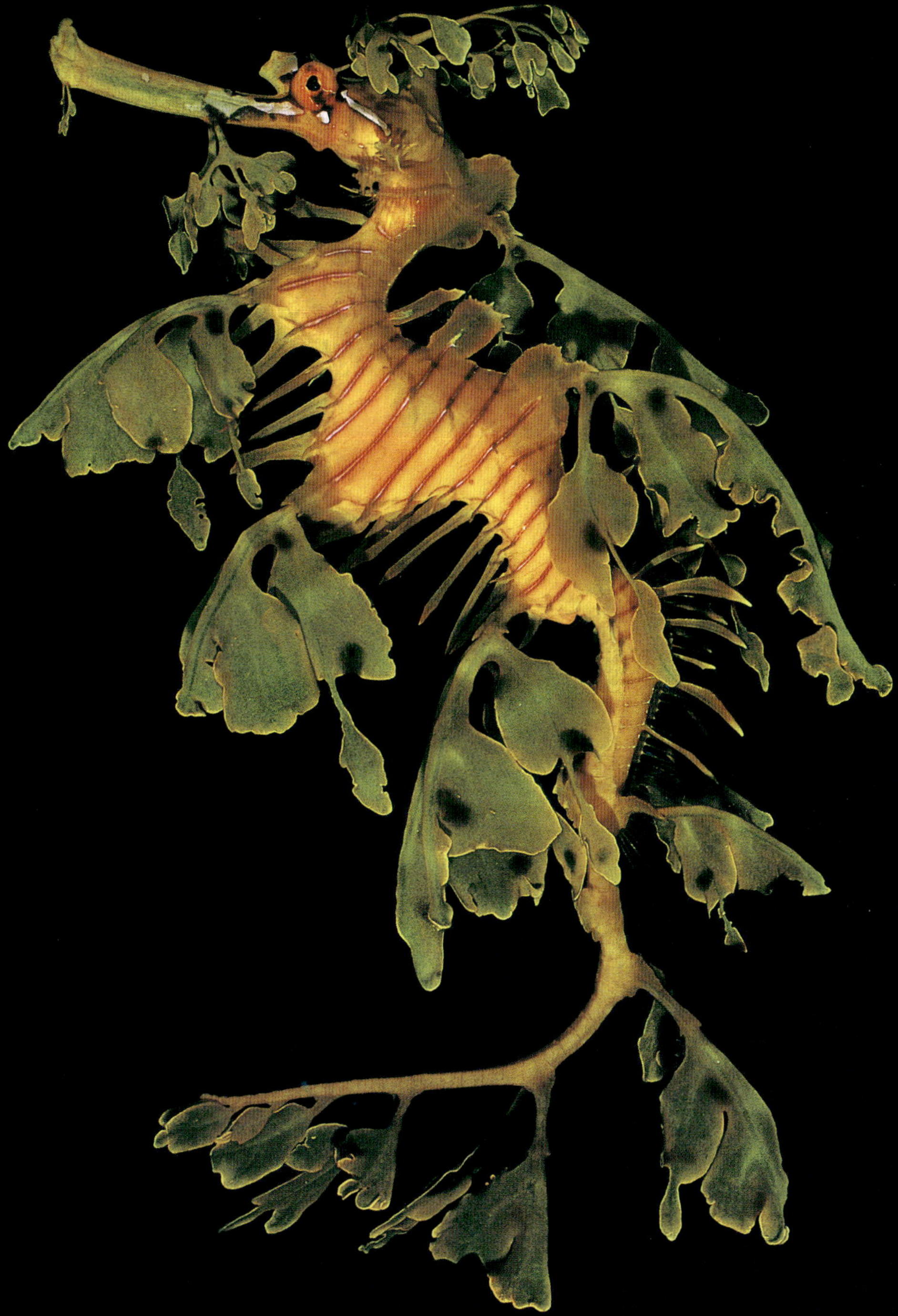

リィーフィーシードラゴン
全長 30cm｜オーストラリア エスペランサ｜水深 10m
海藻の森には、海藻の切れ端などもかたまっている。
彼らの色と形は、その風景の中に静かに溶け込んでいた。

サクラコシオリエビ
全幅 1cm | 高知県 柏島 | 水深 15m
つぼ状海綿の溝の中に棲む。ブラシ状の
毛がすごい。ハリネズミを連想した。

七色のガラス細工

5ミリほどだろうか、小さな何者かが海中を流れていく。わずかに太陽の光を反射して輝くが、少し角度が変わると水の中にかき消えてしまう。水中ライトを最適な角度から当てなければ、よく見えない。この小さく透き通ったものが、ホシムシの幼生だとあとから知った。

ファインダーの中にとらえた姿は、高級なワイングラスか職人の手によって生み出される、精緻なガラス細工や宝石のようでもある。撮影をあせる気持ちのせいで、不用意に近づいた僕が作った水の流れが、この謎の物体を吹き飛ばした。その時、物体は七色に輝き、また僕を驚かせる。虹とはちがう淡いはかない七色。

柔らかく、目に見えないほど薄い膜に包まれた命は、海流や潮に流され、漂い生きる。海の世界にのみ存在できる形なのかもしれない。

ホシムシの幼生
高さ 5mm｜山口県 青海島｜水深 3m
上部の蓋のような所は、下部中央の穴から中にひっこみ（右写真）、
丸い玉で浮遊していることもある（左写真）。

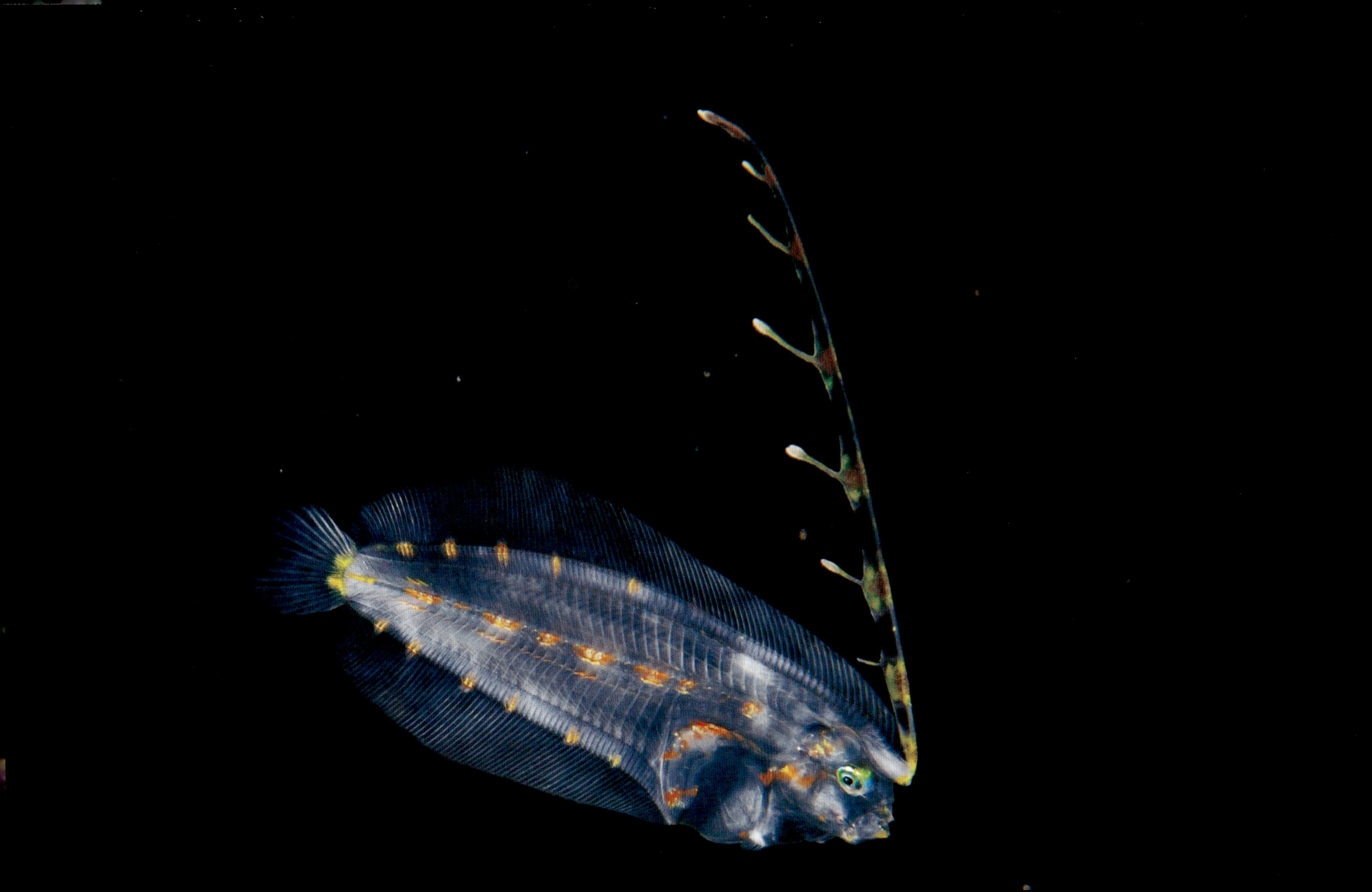

トウカイナガダルマガレイの稚魚
全長 2.5cm｜山口県 青海島｜水深 2m
変態前の浮遊期の稚魚。眼は両側にある。
海底での生活に変わる時に眼は片側によってくる。

ナギナタハゼ
全長 5cm｜高知県 柏島｜水深 25m
海底の石の下などに棲む。胸鰭で歩くように移動する。
名前の由来の背鰭は、移動中に上下するのが面白い。

ユキミノガイ
殻長 2cm｜高知県 柏島｜水深 5m
浅い海の石の下などで見つかる。水をはき出して、
海底をジャンプするように移動する。

命を守るカタチ

あまりにも奇抜でそのデザインのもつ意味を考えても何も思いつかない。ダイバー仲間でヤジロベエと呼ばれるビワガニの幼生だ。見る角度によっては、頭部からはえた長い棘は蚊を、顔つきはハエの悪役を思わせる。小さな遊泳脚を激しく動かし、ブンブンと音が聞こえそうなほど速く海中を飛び回る。

カニ類は、ゾエア幼生が脱皮するとカニの形に近いメガロパ幼生になる。どのように堅い甲殻を脱ぐのか興味があったが、ある日、友人たちとともに偶然目撃し唖然とした。小さなカニに似たものが、ただシンプルに離れたのである。まるで落ちるように…。奇妙な宇宙船のようなデザインの甲殻、眼のドームまで含めたすべてが抜け殻として残り、すぽんとメガロパ幼生は抜け落ちたのである。

この奇妙な形がもつ効果の一つは、彼らの捕食者が口を広げて飲み込もうとする時、より大きく広げなければならないことかもしれない。クシクラゲが飲み込もうとして、長い棘が邪魔をして助かったものと、やはり飲み込まれてしまったものを見たことがある。

ビワガニのゾエア幼生
全幅 1cm｜山口県 青海島｜水深 2m
エネルギーのロスをこちらが心配するほど、遊泳脚を使い激しく泳ぐ。甲殻類の幼生には奇抜なデザインのものが多い。

コシダカウニ
殻径 2.5cm｜高知県 柏島｜水深 10m

タコノマクラ（ウニ）
殻長径 10cm｜静岡県 大瀬崎｜水深 8m

イトマキヒトデ
幅長 6cm｜静岡県 大瀬崎｜水深 5m

フサトゲニチリンヒトデ
幅長 5cm｜北海道 知床半島｜水深 10m

ヒトデは五角形のものが多い。ウニ、ナマコはヒトデなどと同じ棘皮動物門というグループに分類される。タコノマクラは、棘が短いがウニの仲間で、やはり5つの模様がある。棘皮動物は体の基本的な作りが5方向に放射状にわけてできる特徴がある。

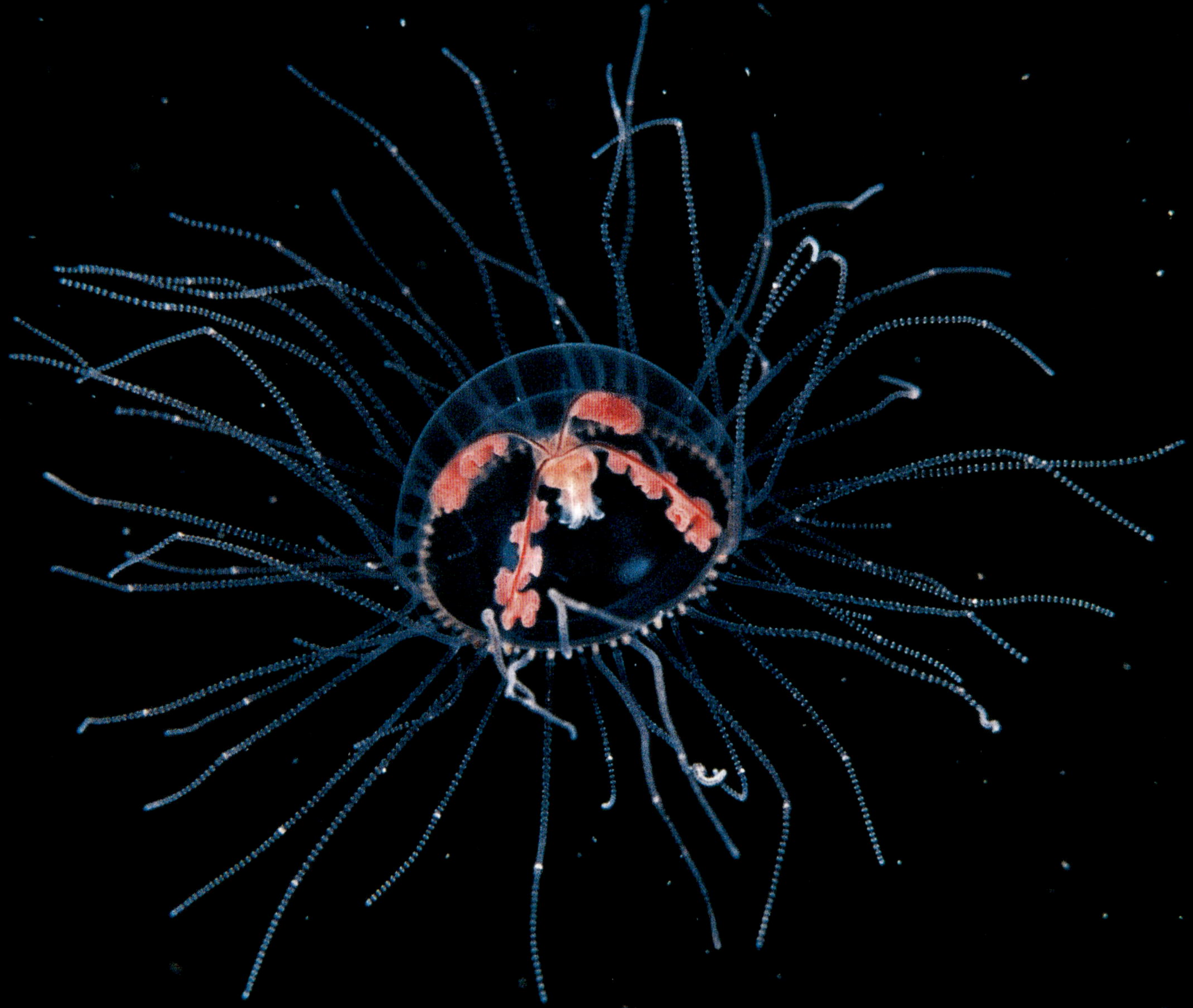

重さのない世界

海の世界が陸の世界と最も違うのは、浮力によって重力から開放されることだろう。適度に浮力を調節できれば、陸上で感じる重さを感じない。海に潜る人は、宇宙のような無重力を感じることができる。同時に水の抵抗は、空気よりもはるかに大きいこともわかる。無重力と抵抗、それがもう一つの地球の特徴だ。

無重力の利益というか、その中に浮かべば、あるいは水の比重に近くなれば、そこにとどまったり、移動するとき最小のエネルギーの消費ですむことになる。僕たちダイバーが一番最初に掴むべき感覚がそれだ。装備の中の空気が水圧につぶされるので、水深により浮力が変化する。そこで魚の浮き袋をまねた装備に空気をいれて調節する。

カギノテクラゲ
傘の直径 1.5cm｜北海道 羅臼｜水深 5m
のびちぢみする触手は、水の中の生物独特の繊細さがある。

ナンヨウマンタ
全幅 3m | ハワイ | 水深 12m
夜間、ホテル前の海を照らすライトにプランクトンが集まる。
マンタは彼らを食べるため集まってくる。

生き方と形

海の生物は、浮力調節のため浮き袋をもつもの、比重の軽い、肝臓の油やアンモニアを利用するものもいれば、浮くために巨大な鰭を落下傘のように使うものもいる。もともと水に近ければ、例えば97％ほどが水分といわれるクラゲのようであれば楽だろう。クラゲの漂うという生き方とその形は、海の生物の典型といえるかもしれない。

アオリイカ
胴長 25cm｜静岡県 大瀬崎｜水深 10m
イカの仲間は眼が大きいものが多い。薄暗い海底でよく狩りをしている。頭足類に分類される。頭部に直接足（腕）が生えていることからきた名前だ。

ソウシハギ
全長 10cm｜インドネシア バリ島｜水深 50cm
まだ幼魚。よく海面に浮く流れ藻の側で見られる。なぜか頭を下にして浮いていることが多い。魚に見えにくい形ということだろうか？ このサイズから体に親と同じ美しい青いラインが出始める。

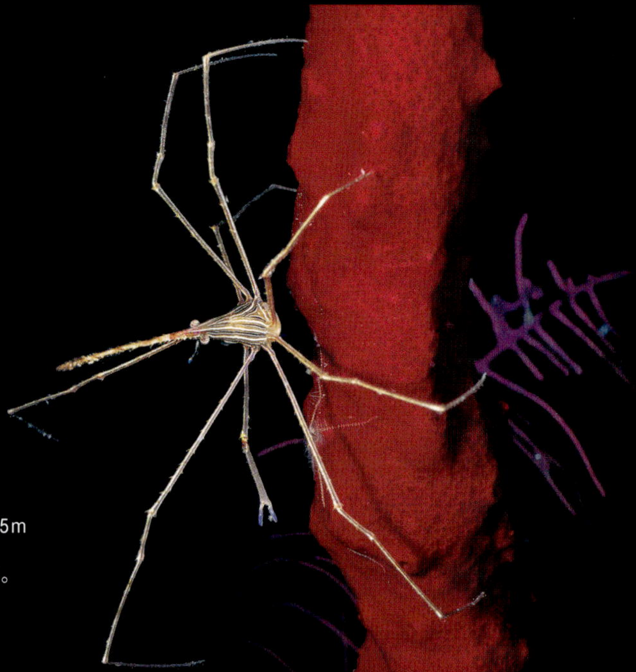

ノコギリイッカクガニ
全幅 10cm｜カリブ海 バハマ諸島｜水深 15m
この姿で静止していると生物に見えにくい。英名はアロークラブ、矢のように鋭い角がある。赤は海綿。

ハナミノカサゴの幼魚

全長 2.5cm｜沖縄県 西表島｜水深 13m
優雅に泳ぐ姿、大きく発達した胸鰭のピンク色の班が美しく人気があるが、成長するに従いこの班は消えてしまう。背鰭に毒針をもつこの魚の目立つ形そのものが警告なのかもしれない。成魚は獲物を追いつめるために、この胸鰭を使っている可能性がある。

スクエアバック バタフライフィッシュ

全長 13cm｜オーストラリア エスペランサ｜水深 12m
派手な色が多いチョウチョウウオ科の魚の中で、数少ないシックな色合いの魚。チョウチョウウオの仲間を正面から見ると、どの種も体が左右に薄く、体高が高い。この体形は、サンゴ礁の複雑な地形の中で、素早く方向を変えるのに有利なためといわれている。

クダヤギクモエビ

甲長 0.7cm｜静岡県 城ヶ崎｜水深 20m
コシオリエビの仲間。エビが胴を折り曲げた体の作り。エビとカニの中間的な形だ。派手な色だが、宿主のクダヤギの中ではまったく目立たない。カモフラージュ効果抜群なのだ。

ニシキフウライウオ 雌
全長 10cm｜静岡県 大瀬崎｜水深 12m
眼の前方の長いスポイト状の部分の先端に口があり、小さな生物を吸い取るように飲み込む。よくヤギ類などの刺胞動物の近くでじっと浮かんでいるが、体に生える皮弁(棘)が、カモフラージュになるのだろう。

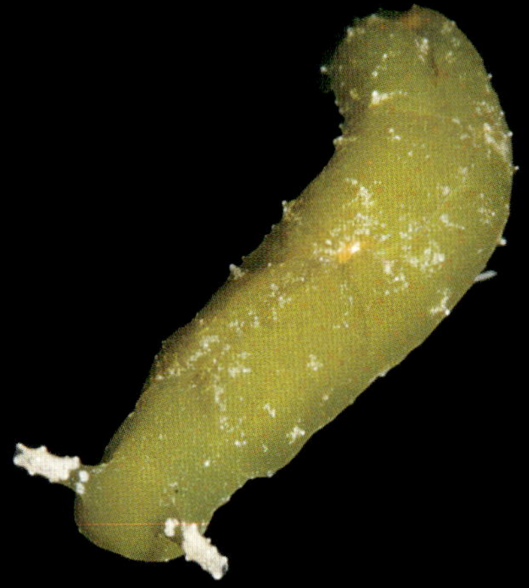

ヒラミルミドリガイ
全長 3cm｜高知県 柏島｜水深 7m
凹凸の少ない姿は、平らなヒラミル(海藻)の上にいると目立たない。生き物らしさのないデザインだ。

サザエ
殻長 8cm｜静岡県 城ヶ崎｜水深 15m
南の静かな海に生息するナンヨウサザエの貝殻には突起がない。突起のある普通のサザエでも、生息環境のせいだろうか、その長さには個体差がある。岩の間などにこの突起で挟まれば、激しい海底のうねりに対抗できるといわれる。テトラポッドのデザインなのだ。

地球の2/3をしめる海。地球の97%の水をたたえる海。
平均水深は3800メートル。深い所は10000メートルをこえる。
46億年前にこの星が生まれ、海は40億年前にできた。
それから2億年後、最初の命は海の中に生まれたという。

たかだか100年も生きない僕は、1億年ってどんな感じなのか考えてみた。
100年はわかる気がした。100年の100倍は1万年。1億年は100年の100万倍!

感覚としてとらえられない、単なる数字だ。
想像さえできない長い時間、命は生き、変わりつづけてきた。
海はそんな命の数々を育んできた。
さあ、もう一つの地球、海へでかけてみよう。

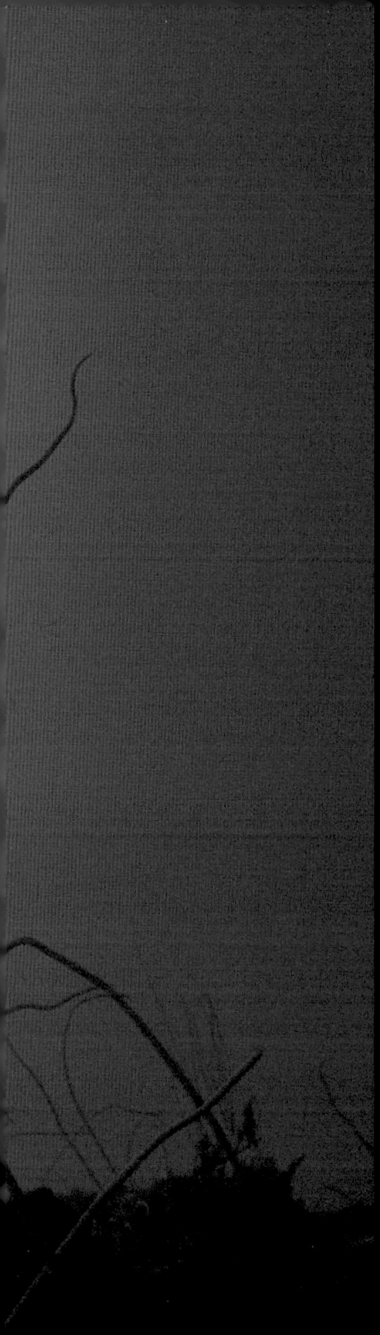

−25m Pulau Aur Malaysia

色

イトヒキベラ　雄
全長 8cm｜東京都 大島｜水深 10m
婚姻色—繁殖の季節、雄たちはより輝きを増し活発に泳ぎ回る。
一斉に求愛する様は、さながら海底の花火である。

ボブサンウミウシ
全長 2.5cm | 静岡県 城ヶ崎 | 水深 20m
海底の宝石といわれるほどカラフルなウミウシ類。
食べてもまずいと主張し、警告するための色とも考えられている。

オトメベラ　雄
全長 13cm｜沖縄県 西表島｜水深 15m
胸鰭中央の赤紫が目立つ。求愛時にこの鰭をより激しく動かすのは雌への信号だろう。

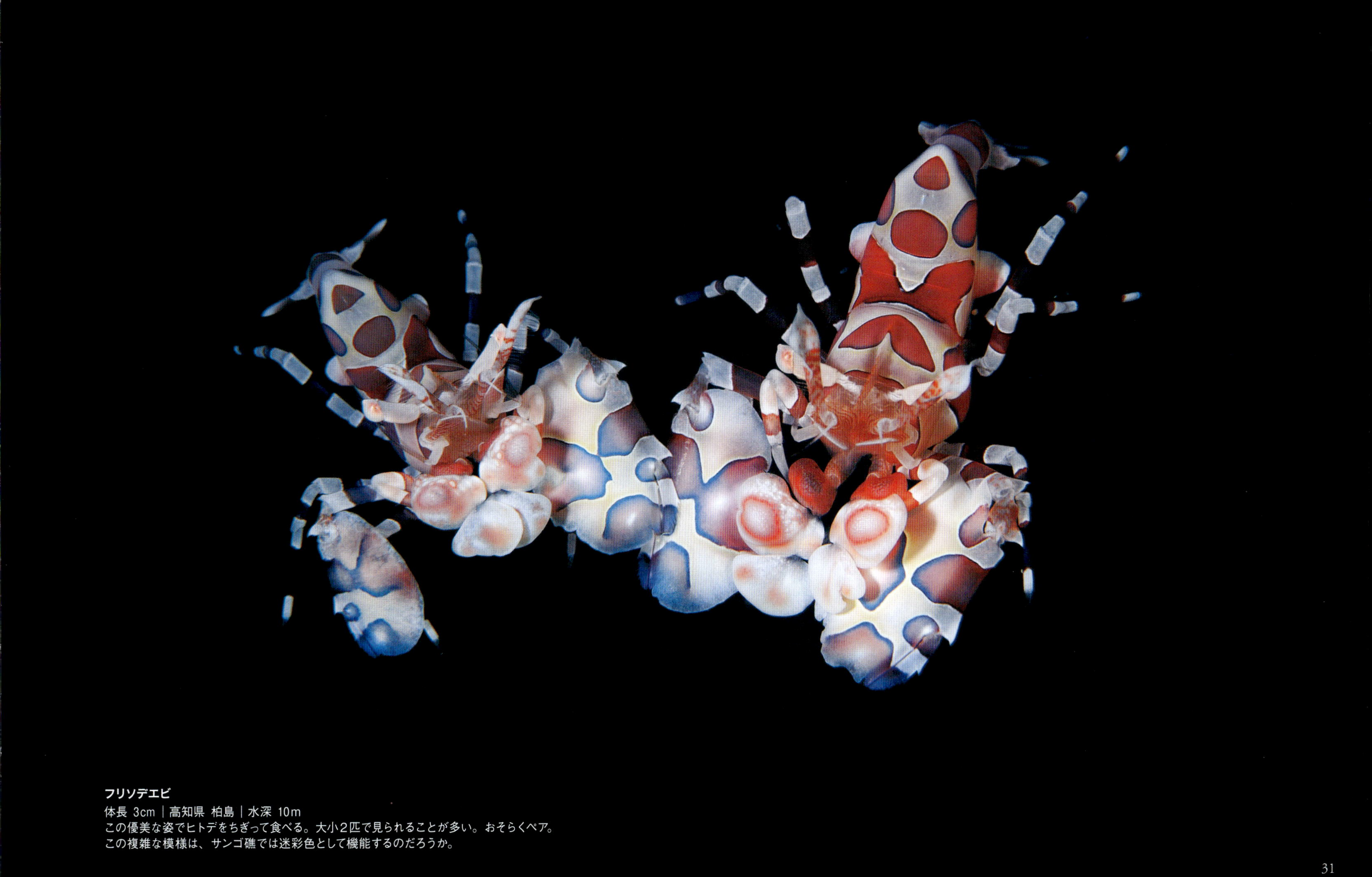

フリソデエビ

体長 3cm ｜高知県 柏島｜水深 10m
この優美な姿でヒトデをちぎって食べる。大小2匹で見られることが多い。おそらくペア。
この複雑な模様は、サンゴ礁では迷彩色として機能するのだろうか。

ホシモンガラ

カスミチョウチョウウオ

シマウミスズメ

ヤイトヤッコ

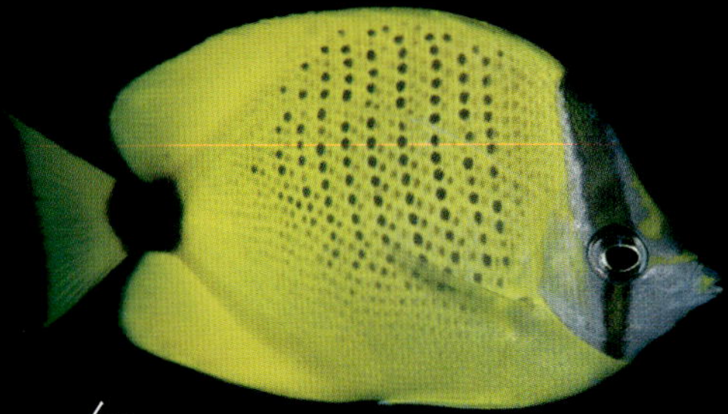
レモンバタフライ

キントキダイの仲間

クチバシカジカ

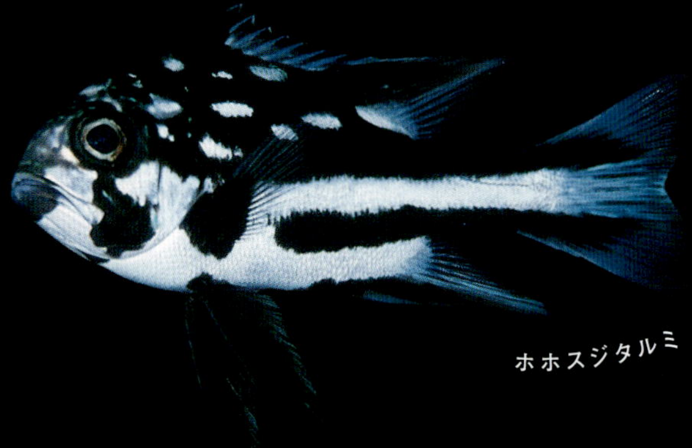
ホホスジタルミ

ナンヨウハギ
ベニカエルアンコウ
シロオビブダイ
ヤマブキベラ
ユウゼン
オトヒメベラ
モンキキンチャクフグ
クロフチススキベラ

色の理由

すべての生物の色には、それなりの理由があるように思える。一番必要な色は、カモフラージュのためだろう。砂地に化けるカレイは有名だが、あらゆる環境に化け、溶け込む生物がいる。一方、繁殖や縄張りの主張には、目立つ必要がある。繁殖期だけ胸鰭の色を変えるもの、全身の色を変えるもの、やり方はいろいろで、色だけでなく泳ぎ方も変えて雌にアピールする。

自分は危険だと主張するやり方もある。警告色といわれる色をもつ派手な生き物たちだ。かと思うと、危険な生き物でも捕食のために目立たぬものもいる。体に毒のあるツムギハゼやキタマクラなどという、ぶっそうな名前をもったフグの仲間にも地味なものもいる。

海藻のように、自分が生きる環境の中で、最適な色になっていることもある。一つの種で、いろいろな色のものがいるのは魚類ではけっして珍しくないし、成長の過程で、色や模様を変えるものも多い。いろいろな理由が混然一体となって、生物の色があるのだろう。その化粧に、ただただ撮影者である僕は魅入られるだけである。

アシビロサンゴヤドリガニ
甲幅 0.5cm｜高知県 柏島｜水深 10m
堅いサンゴに開けた浅い穴の中で、歩脚を縮めて腹這いになっている。
複雑な色模様なので目立たないのだ。

フリソデウオの若魚

全長 25cm｜山口県 青海島｜水深 1m

深い海の中層で立ち泳ぎの姿勢で暮らし、プランクトンや浮遊性甲殻類を食べていると考えられている。ごく稀に浅い海で発見される。成魚は全長1メートル。

深海と色の関係

一般に水深200メートルより深い所に棲む魚を深海魚と呼ぶ。水深200メートルから1000メートルを中深層と呼び、光合成をおこなうには不十分だが、わずかに光が届くという。そのため、この深度に棲む魚類は非常に大きな眼をもつものが多い。フリソデウオも大きな眼をもっている。わずかな光をとらえて獲物を見つけるためだろう。逆に、銀色の体は鏡のように光を反射して捕食者に見つからないためだ（青い光しかない環境で、青い光を反射すれば、青の中に溶け込むことができる）。水深600メートル付近から、魚の色は銀白色から鉛色に急速に変化し、1000メートルに達するとほぼ暗色になるという。赤色の魚は、青い光しか届かない世界では、黒色同様目立たないと考えられている。フリソデウオが頭を上にして泳ぐのは、下から見た時の自分の影を、できるだけ小さくして、捕食者に見つかりにくくするためだろう。

アカボシハナゴイ　雄
全長 6cm｜高知県 柏島｜水深 30m
多くの魚で雌より雄の方が美しく着飾っている。
ハナダイの仲間の雄の美しさは、その華という名に恥じない。

雌雄と色と模様

スミレナガハナダイ　雄

　魚類には、性転換するものがかなりいる。ハナダイの仲間は最初雌として成熟し、雄が死ぬと一番大きな雌が雄に性転換する。これは雌性先熟と呼ばれる。ハレム型の一夫多妻で、このような種では、雄と雌で斑紋や色が異なるものが多い。体の大きな雄が多数の雌を独占するような種では、体の小さなうちは雌の方が繁殖に参加できるので、子孫を残すのに有利。大きくなって雌を独占できるようになると、雄の方が沢山の雌と繁殖できるので有利と考えられている。雄から雌に性転換するものもいて、雄性先熟と呼ばれる。クマノミ類のようにペアで産卵する場合は、大きな体のものが雌になる方が、産卵数が多いので有利と考えられている。

　ホンソメワケベラやオキナワベニハゼのように、両方向に性を変えることができるものまでいるし、個体密度の低い深海魚のフデエソ科やミズウオ科の魚は雌雄同体なのだという。

雌雄中間の色

右　雌に求愛する雄の婚姻色

　厳密な一夫多妻ではないベラ類やブダイ類では、小さなうちから雄のものもいて、大きな雄と雌の産卵の瞬間に、すきをつくように参加して放精してしまう雄がいる。ストリーキングと呼ばれる。雌に選ばれない雄が、自分の子孫を残そうとするのだ。

　コガシラベラでは、立派な雄相、雄の美しく目立つ色彩のものもいるが、雌の色彩のものだけで群れで産卵しているのをよく見る。雄もいるのだ。ベラやブダイの場合、雌性先熟の魚ではあるが、外見は雌でも生まれながら雄という個体がいて、色彩から雌雄の判断ができないので、雄相、雌相と呼ぶ。

キシマハナダイ 雄

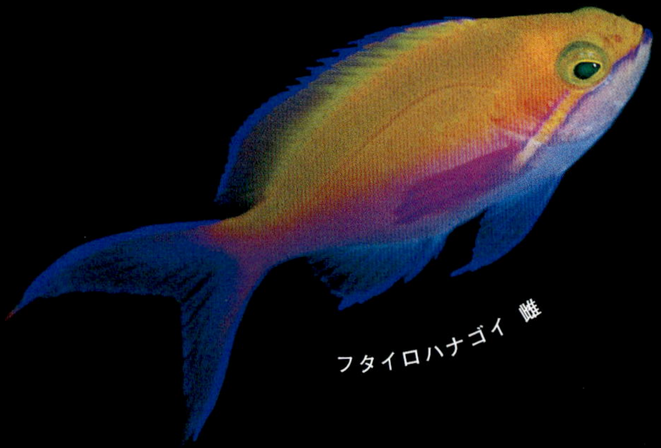

フタイロハナゴイ 雄

カシワハナダイ 雄

ケラマハナダイ 雄

パープルビューティー 雄
サクラダイ 雄
スジハナダイ
キンギョハナダイ 雄
アカオビハナダイ 雄

警告する色

陸上でもそうだが、海でも強力な毒をもつ動物は、たいがい派手な色をしている。陸上では、赤、黄、黒、白と派手に塗り分けたサンゴヘビの仲間や黄色と黒の縞模様のスズメバチなどだ。危険区域のしらせや通行止めの標識など、人間が作るものにも、２つの色のはっきりした縞模様は警告として用いられることが多い。

黄色と黒、印象的なこの組み合わせは、長い間の人間とハチとの関係から我々に組み込まれた記憶なのだろうか？　そうだとすれば、その警告色としてのねらいは、見事に機能していることになる。

毒をもつウミヘビやミノカサゴの縞模様はコントラストが強く印象的だ。ジャングルの中のトラなどもそうだが、このような２つの色は分断色といわれ、全体のシルエットをつかまれにくい色とも考えられている。

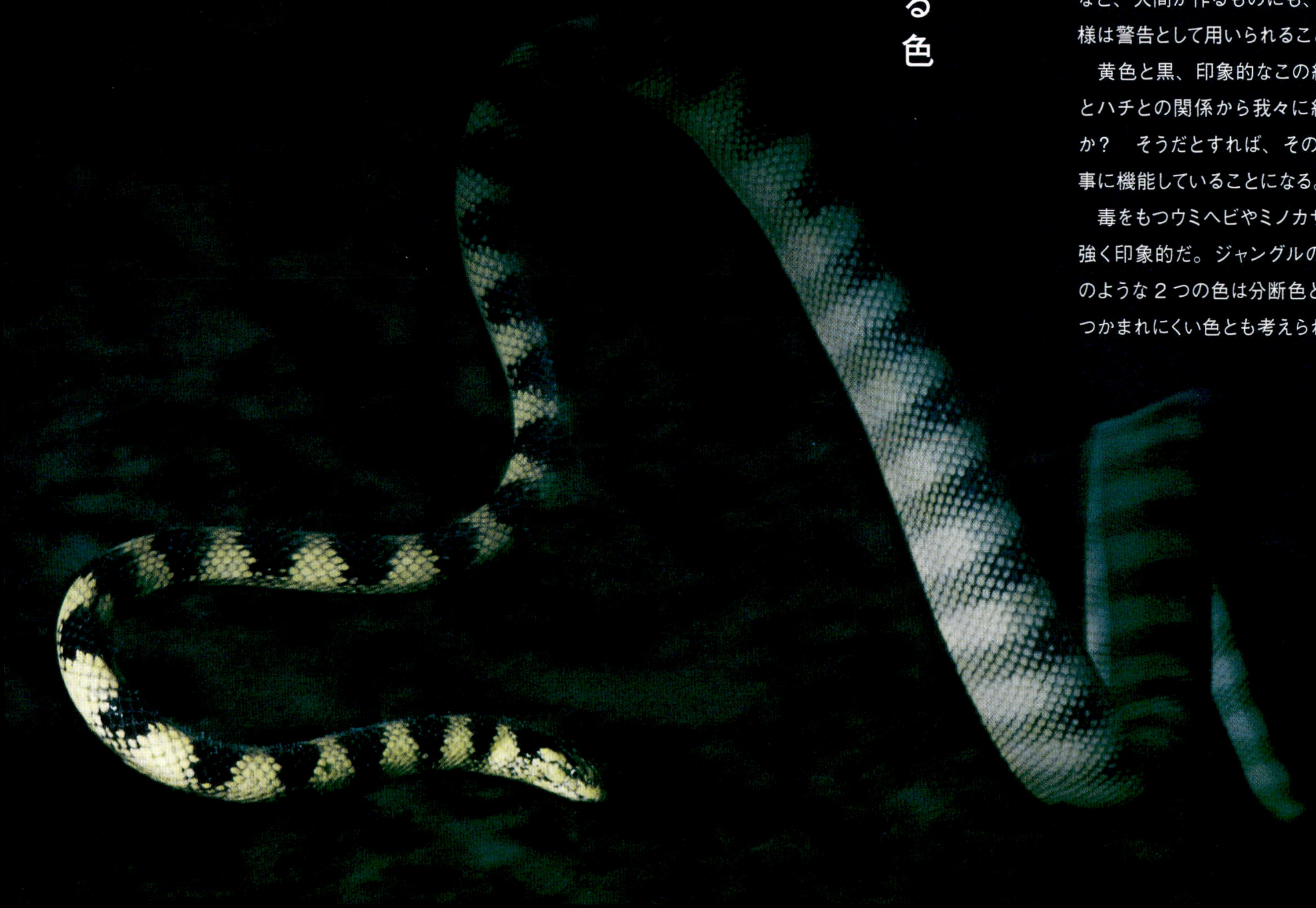

エラブウミヘビ
全長 1.2m｜フィリピン｜水深 12m
エラブトキシンと呼ばれる神経毒の一種で、ホンハブの80倍の強さともいわれるが、性質はおとなしく口も小さいため、咬まれる可能性は少ない。

点滅する警告

ヒョウモンダコとオオマルモンダコは、近づくと青いメタリックのマークが点滅する信号のように、ついたり消えたりする。その美しい姿を写真におさめようとすると瞬く間に消えるので、手を近くによせて発色した時をねらう。この青い輝きは、一瞬相手を思いとどませるフラッシング的な効果もあるだろう。

自然の世界には、毒もないのに毒ヘビのように派手なものも、わざわざハチに似た色をして行動までまねるものもいる。当然海にも、同じように危険な生物に化ける擬態者はいる。それは警告という効果が、他の生物に認知されているからだろう。

オオマルモンダコ
全長 10cm｜鹿児島県 奄美大島｜水深 12m
唾液腺の中に毒をもち、咬むことにより注入する。
フグ毒と同じテトロドトキシン。
興奮時には派手な輪紋が目立つ。警告なのだ。

ハマクマノミ
全長 12cm｜沖縄県 沖縄島崎本部｜水深 7m

百匹百様

　ハマクマノミは、雌雄のペアでイソギンチャクに棲み、卵を守り育てる。同居する小さなものは、繁殖に参加できない幼魚。頭部の青い横帯は幅や形が個体ごとに異なり、ペアはこれで相手をみわけるともいわれる。沖縄県久米島の海底に、ハマクマノミが数百いそうな場所がある。ある日、意を決して片端から撮影してみた。何回も船にあがりフィルムを換えて撮りつづけ、家に帰り現像の結果を確認すると、青い美しいメタリックのラインは、見事にすべて異なっていた。

ニジハギ
全長 30cm｜沖縄県 西表島｜水深 3m
争いの時。普段から美しい虹の名をもらった魚だが、
興奮時にはさらに色が強くなる。

トロロコンブ
北海道 羅臼｜水深 5m
葉を太陽にすかしてみると、複雑な模様が浮かび上がった。

海草と海藻

海草は、簡単にいえば、陸上の植物と同じ種子植物。花を咲かせ、種子によって増える。アマモやスガモ、ウミショウブなど、ごく限られた種だけが海中で生きる。一方の海藻は、根、葉、茎の区別がなく、いわゆる根の部分は栄養の吸収をせず、岩に固着するためにある。ごく一部をのぞき、波あたりの強い岩礁海岸に育つ。海草は、波のあたらない内湾や干潟の砂や泥の環境に育つ。発達させた根や茎を利用して、海藻類があまり生育しない不安定な砂地に適応したと考えられている。

陸の植物は基本的に緑だが、海藻には、赤い紅藻、茶色系の褐藻、緑色の緑藻がある。紅藻が赤く見えるのは、赤の光を反射するからで、逆にそれは緑と青の光をよく吸収する色でもある。紅藻は、赤い色素を多くして、生息水深の光を効率的に吸収し、光合成をうまくおこなっている。少し深い水深でも生きることができるわけだ。陸上の植物と同じ色の緑藻は、海の浅い所に生きている。海藻の色は、水深によっての光の変化をとらえ、効率的に光合成をおこなうための色なのだ。

ワカメ（海藻）
高さ 60cm｜静岡県 九十浜｜水深 4m

ウミヒルモ（海草）
高さ 3cm｜石川県 能登島｜水深 2m
花を咲かせる種子植物。

フクロツナギ（海藻）
高さ 4cm｜静岡県 九十浜｜水深 3m

ホソエガサ（海藻）
高さ 4cm｜石川県 能登島｜水深 5m
英名は人魚のワイングラス、二枚貝の貝殻にのみ生える絶滅危惧種。

コバンアジ
全長 20cm｜東京都 小笠原諸島｜水面下

カスミアジとコバンアジ（左上）

色のマジック

実際に潜って魚たちを撮影しようとすると、実に沢山の魚が、その色を素早く変えることに驚かされる。やがて色を変えない魚を探す方が大変だし、当たり前のことになってしまう。僕からのがれようとサンゴのそばに近寄れば、サンゴの複雑な模様に似た色彩に一瞬で変化する。美しい婚姻色を撮ろうと努力すれば、次の瞬間には普通の色彩になっている。デバスズメダイやルリスズメダイなど群れで暮らす小さな魚は、仲間とのコミュニケーションのために色彩を変えるという。

水は光の中の赤色をよく吸収する性質がある。赤の波長は、水深10メートルほどで大分失われていく。30～40メートル潜れば、赤の光がほとんどないことがわかる。深い所に届く光は、青と緑だけになってしまう。

海底付近に生きるものが、上から捕食者に見られた場合、青の光が中心の海中世界では、青い光を反射しないことが大切で、青と緑を吸収する赤か、すべての光を吸収する黒が目立たない色になる。

一方、海中に浮かぶものは、下からの目線も意識しなければならない。青の光を吸収してしまうと、下からは影として見えてしまう。周囲の青の光を反射してしまえば、青の中に溶け込むことができる。水面近くであれば波のキラキラを反射させれば、銀色の魚は目立たない。アジやマグロの背中は上から見ると青黒く、横から見れば銀色、下から見ると白く見えるのは上から見ても下から見ても目立たないためなのだろう。

海中のファッションショー

カエルアンコウの仲間は、海底の岩や海底から生える海綿や刺胞動物のそばでじっとしている待ち伏せ型の捕食者である。「クマドリ」は歌舞伎独特の化粧法からきた名前で、眼から後ろに広がる模様がそっくりだ。英名はアングラーフィッシュ（釣りをする魚）と呼ばれ、頭部に釣り竿をもち、エスカと呼ばれる疑似餌を動かして魚をおびきよせて丸飲みにする。その反応速度は、脊椎動物中最速ともいわれる。基本的にはほとんど泳がないで、足のように見える鰭を使って海底を歩く変わった魚である。

写真はすべてクマドリカエルアンコウ。同種でいろいろな色彩のものがいるのは魚類ではそれほど珍しくない。彼らにとって一番大切なことは目立たないこと。疑似餌をいくら目立つように動かしても、そばにこわい魚がいれば小魚は近寄らない。

青の世界の海中だし、例えば黄色は少なくとも人間の僕には派手な目立つ色に見えるが、もしモノクロでしかとらえられない眼なら、明るめのグレーに見えるはずだ。そう考えると、白い砂地に棲む黄色いハゼは、目立たない色をしていることになるし、クマドリカエルアンコウは魚に見えにくい色、形かもしれない。サバイバル上の理由があるのかないのか、ただ想像するしかないが、我々人間にとっては「目を楽しませてくれる」という立派な効果がある。

クマドリカエルアンコウ

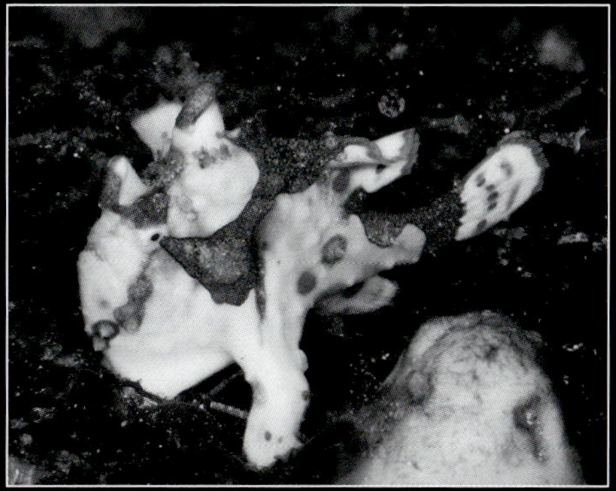

全長 8cm｜高知県 柏島｜水深 12m

全長 3cm｜静岡県 大瀬崎｜水深 15m

全長 2.5cm｜高知県 柏島｜水深 8m

ガンガゼの仲間

インドネシア バリ島｜水深 5m

真ん中の丸い部分がウニの肛門。ウニの中にヒトデの模様があった。やはりウニはヒトデと同じ棘皮動物だ。

まだ見ぬ色との邂逅

“なんでこんな色をしているの？”と思う生き物が海には沢山いる。多種多様な色に対する解釈自体が多種多様にあって、すべてがきれいに解釈できるわけでもない。ホヤ、ヒトデ、貝、ウニなど、見慣れた生き物の中にも、新鮮な色や模様は沢山ある。カメラマンの幸せな瞬間である。

フラミンゴタン
殻高 3cm｜カリブ海 バハマ諸島｜水深 10m
ウミウチワ（軟サンゴ類）の上に棲む貝。貝殻を包んでいる外套膜は豹柄、ウミウチワの網目模様をまねているのか。外套膜は刺激をあたえると貝殻の中に引っ込む。

ワモンクラベラの仲間
個虫の長さ 1.5cm｜高知県 柏島｜水深 10m
小さなホヤの仲間は、美しく不思議な模様のものも多い。特に南の海には名前もついていない色とりどりのホヤが多く見られる。

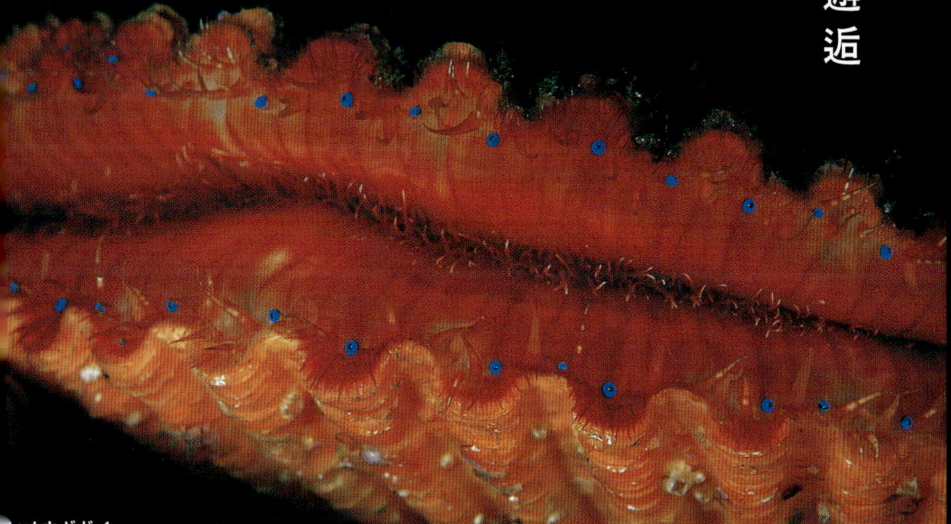

ヒオウギガイ
殻高 10cm｜静岡県 大瀬崎｜水深 10m
色彩は個体変異に富み美しい。青は眼点

イボヒトデの仲間
沖縄県 久米島｜水深 15m
種名不明の印象的なヒトデ。どう表現していいかさえわからない、生物の意匠だ。

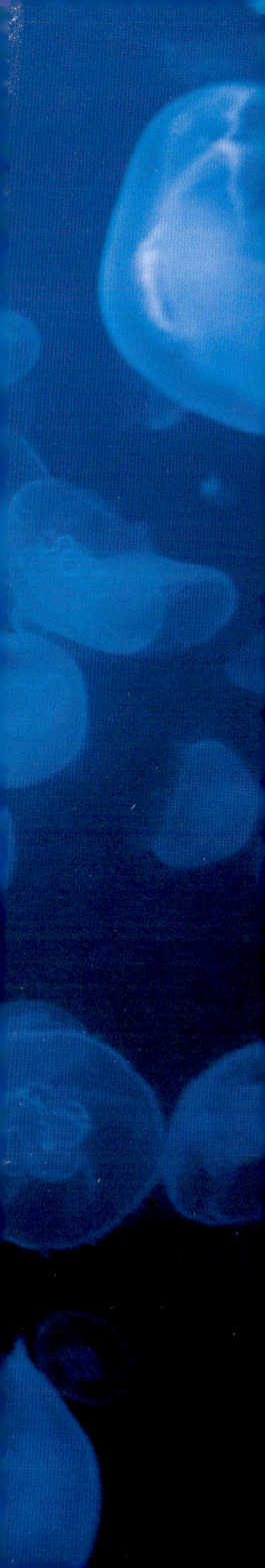

ただよう暮らし

　プランクトンとはギリシア語で「放浪者」。その名の通り、水中を漂って暮らす生物の総称。浮遊生物ともいう。遊泳能力をもたないか、あっても水の流れに逆らう力が小さいか、非常に小さい生物のため、結果的に漂うしかないものたちだ。
　海底で暮らすものをベントス、水の流れに逆らって遊泳できる生物をネクトンという。エビ、カニ、ナマコ、ヒトデ、海綿、イソギンチャク、サンゴなどの幼生期、魚類の多くも卵から孵化したあとは、プランクトン生活をおくる。一生のある一時期をプランクトンとして生きるものもあれば、生涯浮遊するものもいる。

ヒトデ類の幼生
全長 1.5cm｜山口県 青海島｜水深 12m
透明な部分をくねらせながら海中を漂う。
よく見ると数ミリの黄色い小さなヒトデがついていた。

ウラシマクラゲ　傘高 1.5cm｜山口県 青海島｜水深 3m
クラゲノミの仲間　全長 5mm
クラゲはクラゲノミの休憩所。パイロットのように見える。

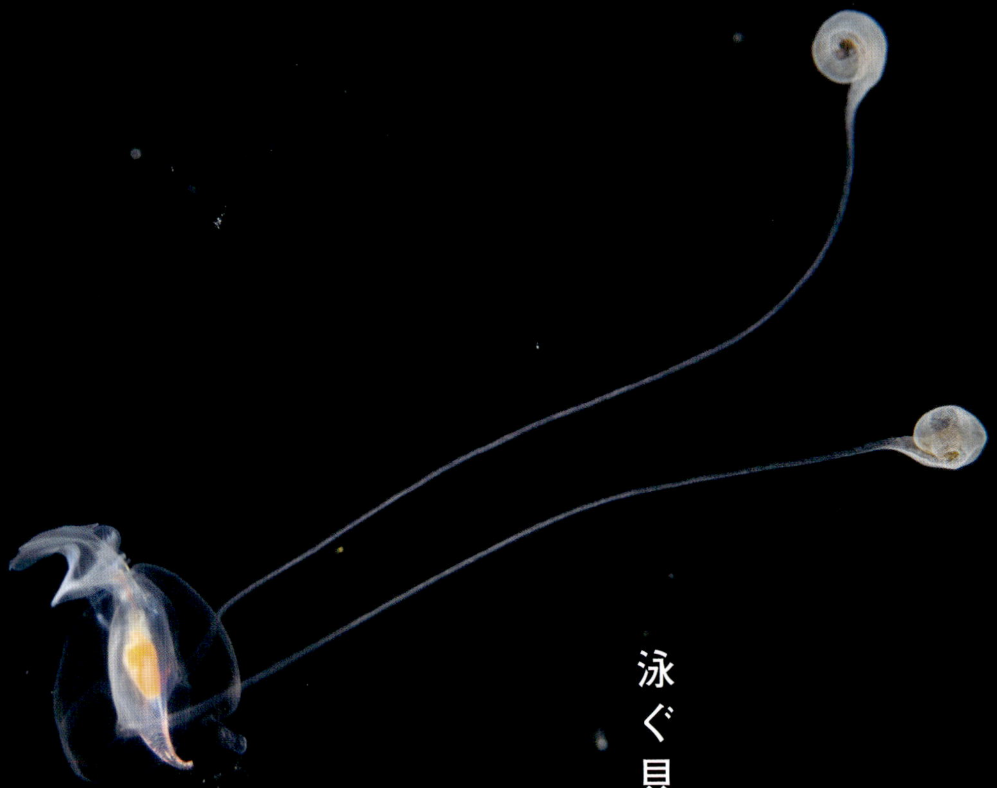

泳ぐ貝

プランクトンとして海中を漂って一生をおくる。翼足類と呼ばれる貝の仲間だ。左右に分かれた翼足と呼ばれる器官を使ってはばたくように海中を漂う。ひもに見える部分は、のびたり縮んだりするが、写真では巻かれてまだ短い状態。プランクトンを食べる種だが、なにか関係があるのだろうか。翼足類の仲間には、有名なクリオネがいる。クリオネには貝殻はなく、バッカルコーンと呼ばれる触手で、泳ぐ貝の仲間を捕らえて食べる肉食だ。

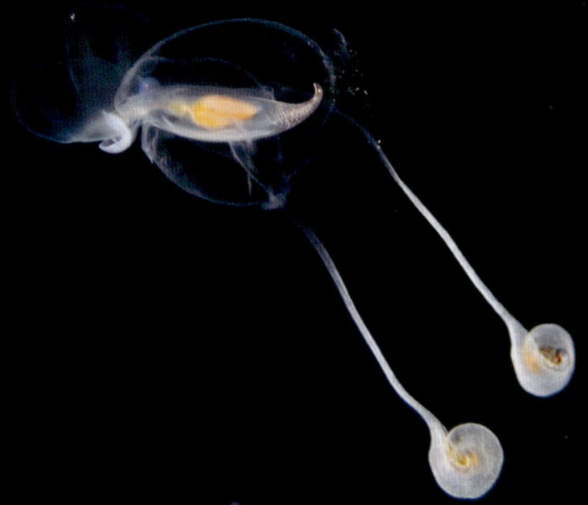

マサコカメガイ
殻長 6mm｜山口県 青海島｜水深 3m

漂う樽

　サルパの仲間は透明なゼラチン質でできている。両端は口が開いていて体をポンプのように動かし、海水をとおして移動する。体の中には粘液でできた網があり、小さなバクテリアやプランクトンをこしとって食べる。ホヤに近い尾索動物で、タリア類に属す。筋に見えるのは筋肉体。
　サルパは無性生殖で増え、つながったまま新しいサルパの個虫になる。数十もつながった帯のような連鎖個虫は、互いに情報をやりとりして共同行動をとるという。全部が雌雄同体でそれぞれが受精し、子供は親の体内で大きくなる。やがて親の外に泳ぎ出し、単独個虫になって無性生殖をくりかえす。

ウミタルの仲間
全長 1cm｜山口県 青海島｜水深 1m

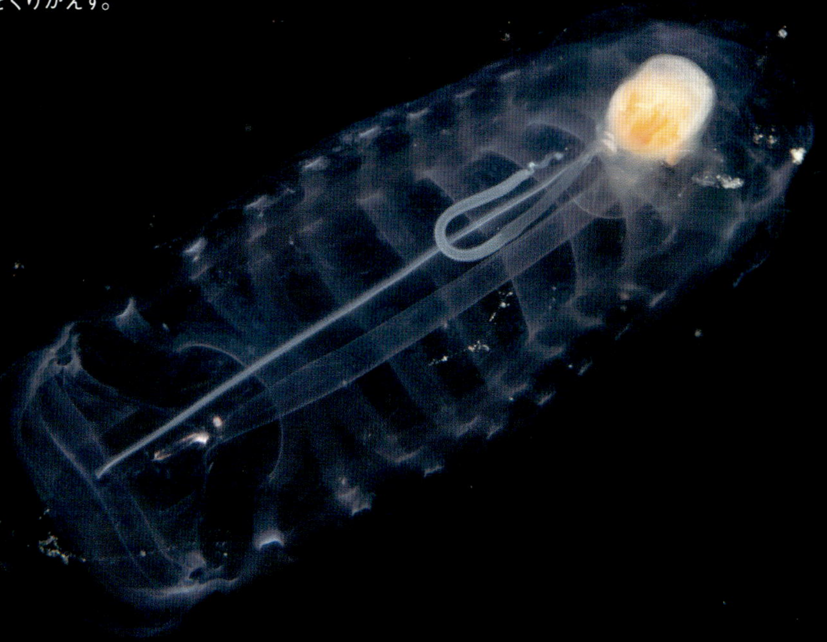

トガリサルパ
全長 3cm｜山口県 青海島｜水深 2m

　ウミタルは長い紐状のものを引いている時がある。よく見ると小さなウミタルが沢山ついている。撮影しようと近づくと、水流を感じるのか、さっと身をかわすように動く。そんな時、小さなウミタルを沢山つけた紐はタルから離れて漂い出す。サルパやウミタルは外見からするとクラゲに近いと思われるが、実際はクラゲよりずっと高等な動物で、生物進化の上ではむしろ魚に近い動物だという。

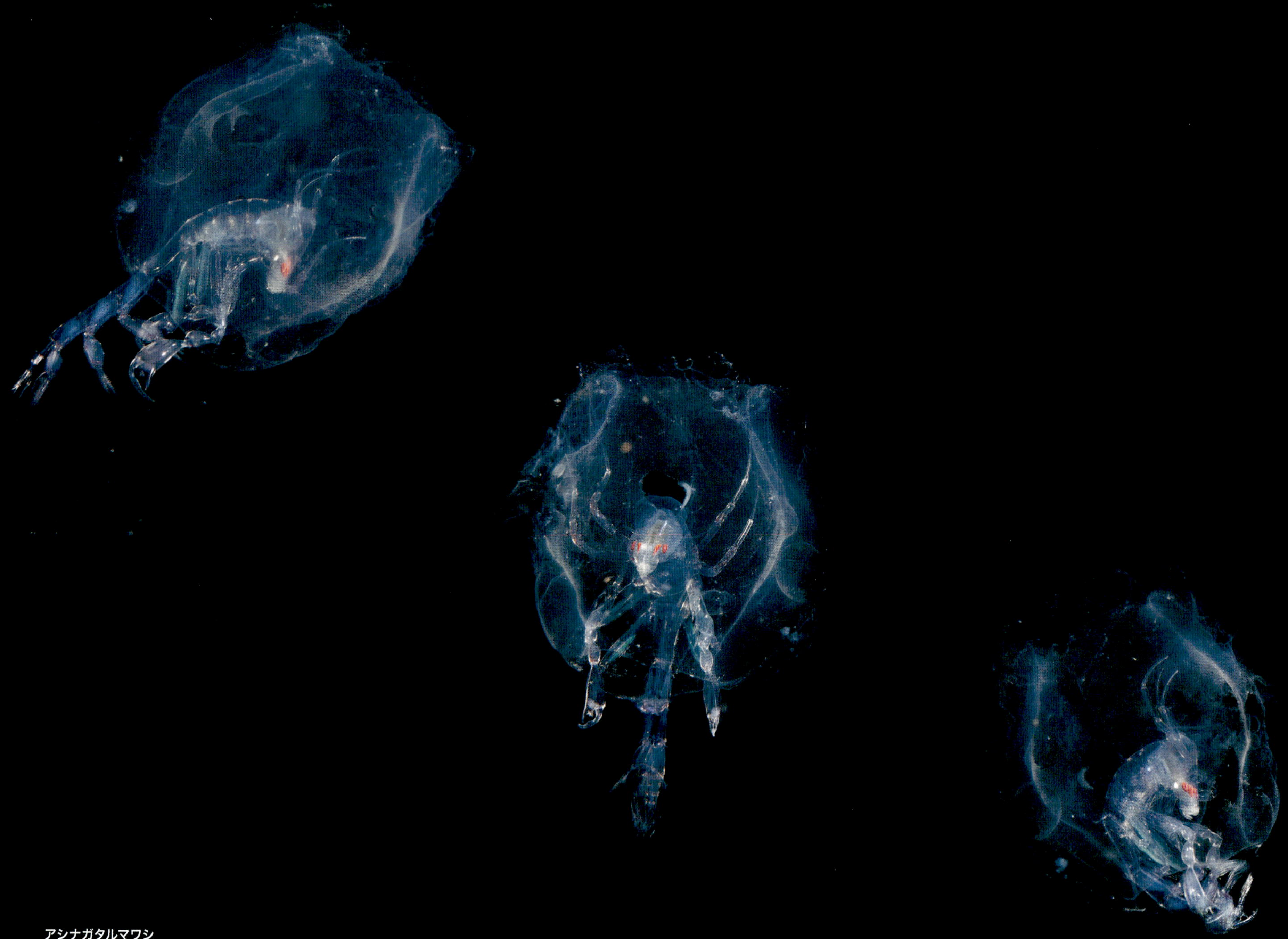

アシナガタルマワシ
全長 3cm｜山口県 青海島｜水深 5m
一番右の写真は休んでいる姿。

オオタルマワシ
全長 4cm｜山口県 青海島｜水深 5m

海にいるエイリアン

　いつどこで写真かあるいは映像を見たのか、記憶をたどってもさだかでない。タルマワシは、長年僕のあこがれの生き物だった。小さな宇宙船をあやつり、バトルスーツを着た地球外生命体。強力な爪をもった戦闘的な姿。子供心に、その姿形はあまりにも不思議でカッコイイ生き物だった。

　タルマワシはエビやカニ、昆虫と同じ節足動物の中のクラゲノミ類。水深200～1000メートルに棲み、サルパなどのゼラチン質動物を捕食する。中身を食べ、くりぬいて自分が入るのだ。脚でサルパを保持し、サルパの上下の口から尾部を出して遊泳する。方向を変える時は、樽（サルパ）の中ででんぐりがえり、逆方向に泳ぐ。

　僕に驚いたのか、泳ぎ出すと意外に速かった。時にはその場で、タルマワシの名前通り、くるくる回転しているだけだったり、尾部を樽の中にひき込んで休んだりする。おそろしい印象の姿形のわりに、少し笑える生き物だった。

　雌は、この樽の中で子供を孵化させ育てる。子供たちは、この樽を食べて成長するという。食べ物つきの棲家だ。利用するものの少ない、深い海や外洋で生きる生物の知恵なのだろう。サルパに入っていない個体はサルパがないぶん、かなりの速度で泳ぐ。左のオオタルマワシは、ハサミ脚を１本うしなっている。映画「エイリアン」のモデルになったというが、会ってみると、そのままエイリアンであった。

ハリゴチの仲間の稚魚
全長 1.5cm ｜山口県 青海島｜水深 2m
口が二重の構造に見える。やがて成長して海底に棲み場所を変えると同時に色が変わり出す。

ゆらゆら生きる

まだ背鰭や尾鰭の区別がない孵化したばかりのものを仔魚、少し大きくなって鰭の棘の数が親と同等になったものを稚魚という。種によっては、稚魚に成長する過程で姿を大きく変えるものがいて、これを変態という。チョウチョウウオの仲間のトリクチス幼生は、大きな兜をかぶったような姿だし、ウナギやアナゴの仲間のレプトケファルス幼生は、葉っぱのような形だ。

例えば、アンコウの幼魚は、特別に大きな鰭が沈むことを防いでいる。人が落下傘を使うように、沈むことへの抵抗になるのだろう。これによって、より小さなエネルギーで海中を漂うことができるわけだ。アンコウの幼魚の大きな鰭は、役目としてはクラゲの傘に似ているし、少し遠くから見ると、外見がクラゲに似ているのも面白い。

ウナギやアナゴの幼生は、親に較べて、正面から見ると極端に薄く体高が高い。葉っぱのような形だ。この形は、海中に浮き、潮の流れに乗りやすく、遠くまで移動するのに役立つと考えられている。実際ウナギは数千キロもの旅をすることが知られている。

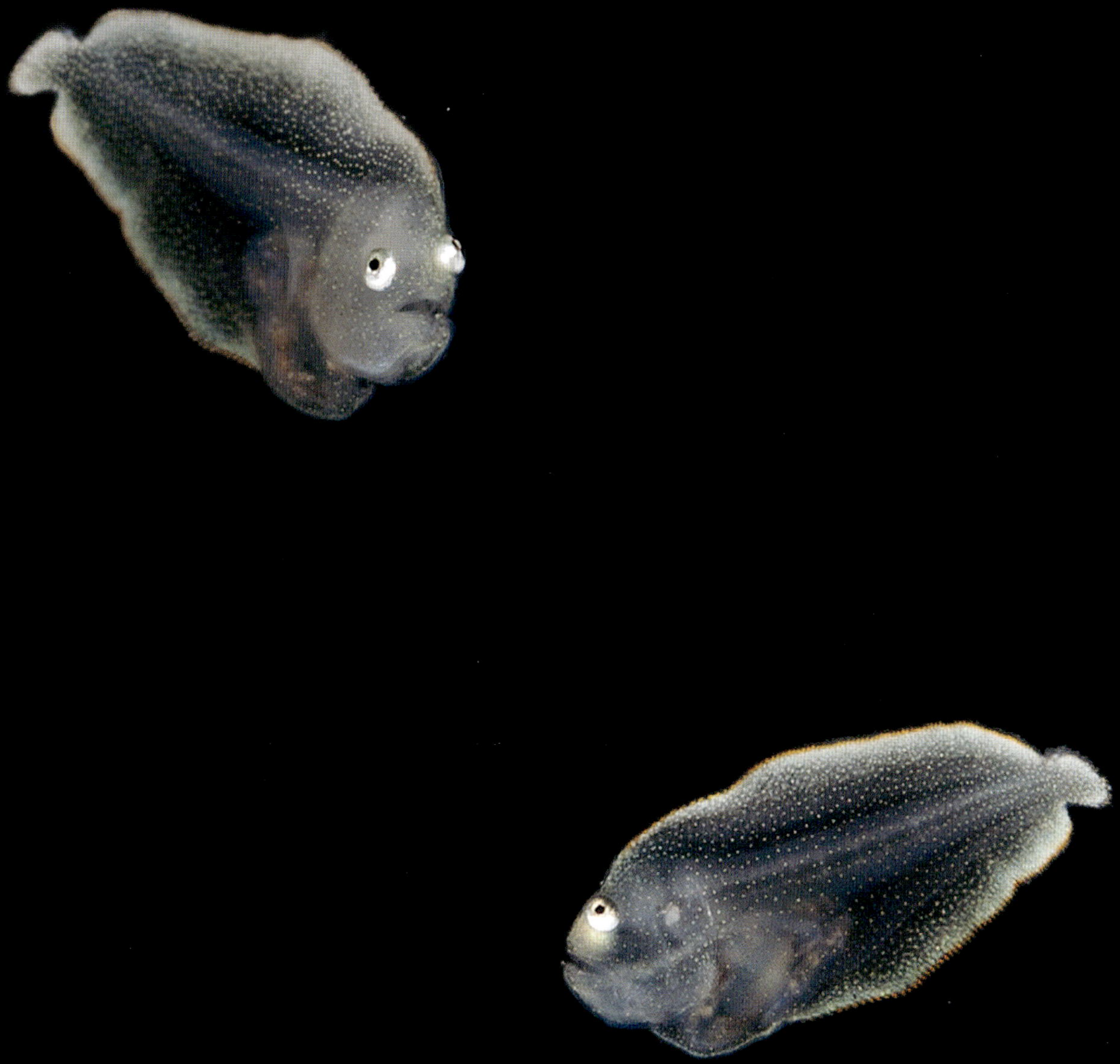

サザナミウシノシタの稚魚
全長 7mm｜山口県 青海島｜水深 1m

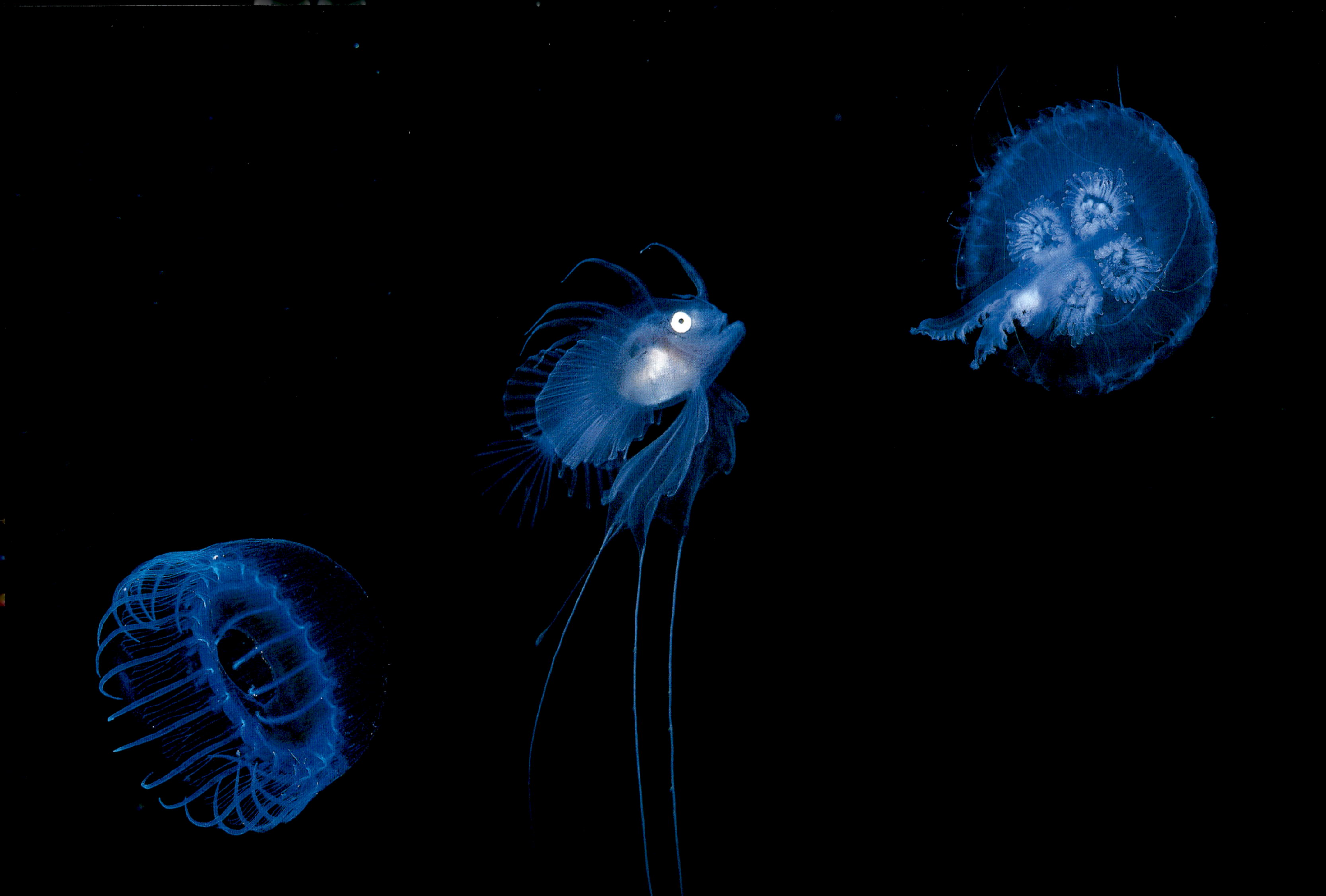

ペガニサ属の深海性のクラゲ
傘の直径 3cm｜静岡県 大瀬崎｜水深 10m

アンコウの幼魚
全長 3cm｜静岡県 大瀬崎｜水深 3m

アマクサクラゲ
傘の径 12cm｜静岡県 大瀬崎｜水深 12m

クラゲとともに

チョウクラゲ（有櫛動物）にのるエビの幼生。クラゲやサルパの大群の中で見つかるアンコウの幼魚。水の中を漂い生きるものたちの世界には、岩礁やサンゴ礁や海藻の森のように身を隠す場所がない。クラゲは、浮遊生活をおくるものたちの隠れ場所や休憩所になり、繁殖に利用するものもいれば、食べるものもいる。その逆に食べられるものもいるが、浮遊する生き物たちにとって、大切な環境といえるのかもしれない。

チョウクラゲ
全長 10cm｜山口県 青海島｜水深 4m

エビ類の幼生
全長 3cm

遠い記憶

初めてクラゲにのるフィロゾーマを見たのは、伊豆の大瀬崎。30年近く前のことだ。少し深い海で撮影を終え3メートルほどの所にもどってきた時、あれ？ 何かがひっかかった。近づいてしばらく見ると、そいつは水に溶ける影のようにクラゲに隠れていた。海外の写真か何かで見た透明で奇妙なかっこうをしたエビの幼生。

運良く、まだフィルムは残っていた。少し流れの強い日だった。クラゲとそいつと一緒に、潮に流されながら、必死でピントをあわせる。数枚とって、かなり流されているなと頭の中で警報がなる。岸近くを流れていけば大丈夫だろうという計算と警報の綱引き。結局フィルムがなくなるまで撮影することもなく、頭の警報が勝って、その素晴らしい奴は、はるか沖に消えていった。

遠くまできてしまって、30分ほど泳ぐはめになったが、オキクラゲの怪しい青がかったピンク色と、透明な幼生が頭を離れなかった。

結局その時の写真は、たいしたことはなかった。今デジタルカメラで撮ったものとは比ぶべくもない。手の届かない沖へ彼らを見送った日の思い出とともに、フィルムの山の中に、使われることもなく眠っている。

アジ類の幼魚とタコクラゲ
体長 1cmと2cm｜パラオ｜水深 3m

ウチワエビ類のフィロゾーマ幼生
体長 2.5cm｜山口県 青海島｜水深 4m
ミズクラゲに乗り漂う。
遊泳脚で泳ぎ、クラゲを操るように見える。
そのためジェリーフィッシュライダーと呼ばれる。

奇妙な浮き

群体性の浮遊性ヒドロ虫。クラゲの傘にあたる位置の気胞体からでる幹は3センチから数メートルに伸縮する。群体は栄養、生殖、攻撃など分業化した多数の個虫からなる。ポリプとクラゲの世代を行き来するヒドロ虫にとって、クラゲ世代は基本的には有性生殖の段階。クラゲの寿命は短いという。上端の気泡体はまるで浮きで、そこからぶら下がったクラゲの部分は、のびたりちぢんだりしながら流れていく。見るからに危ない色合いと奇妙な形。毒は強く、刺されるとかなり痛い。ヒドロ虫の仲間には、有名なカツオノエボシがいる。

ボウズニラ
先端の気胞体の高さ 1cm｜写真で全長10cm程度｜山口県 青海島｜水深 3m

カミクラゲ
傘の直径 5cm｜山口県 青海島｜水深 2m

カギノテクラゲ
傘の直径 2cm｜山口県 青海島｜水深 3m

ヨウラククラゲ
長さ 20cm｜山口県 青海島｜水深 3m

アカクラゲ
傘の直径 20cm｜静岡県 大瀬崎｜水深 7m

サカサクラゲ
傘の直径 10cm｜オーストラリア｜水深 7m

風変りなクラゲ

パラオ共和国は、熱帯の海に浮かぶ300以上の島からなる。その中の一つにジェリーフィッシュレイクがあり、沢山のタコクラゲが棲んでいる。タコクラゲは毎日太陽の光を求めて、湖内をうろうろ移動する。湖の周りに生えた木の日陰にはいない。訪れる人々も、一目散に日の当たる場所にむかう。日光浴するクラゲである。タコクラゲは体内に共生する褐虫藻の光合成で得る栄養に頼っているので、太陽の光が必要なのだ。

サカサクラゲも褐虫藻と共生する。泳ぐこともあるが、傘の部分を下にして、砂の上ですごす変わったクラゲだ。見た目はイソギンチャクと変わらない。

似て非なるもの

クラゲの名がついているが、クラゲとはまったく別の生物で、有櫛動物と呼ばれる。日本近海から20種ほど知られる。刺される心配はない。体の表面に8列の櫛板と呼ばれる繊毛の集まった透明な板をもつ。繊毛の動きで海中を移動する。

もっとも奇妙な形をしていて、1メートルをこえるオビクラゲは、刺激すると、新体操のリボンのように波打ちながら泳ぎ出す。アミガサクラゲは時に、クラゲという名からは信じられないスピードで泳ぐ。魚のように見える。面白いことに、その時は全体に体が薄くなっている。両方とも漂っている時の姿からは想像できない。

カブトクラゲ　全長 5cm｜静岡県 大瀬崎｜水深 5m

アミガサクラゲ　全長 17cm｜山口県 青海島｜水深 2m

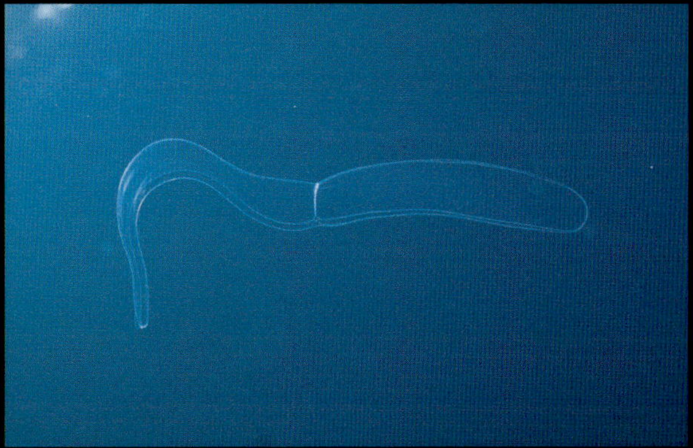

オビクラゲ　全長 40cm｜静岡県 大瀬崎｜水深 2m

オビクラゲ　全長 1m｜山口県 青海島｜水深 1m

顔のある生き物

海の中で見る顔といえば魚類で、25000種ほどもいるというから、実にさまざまな顔に出会う。エビやカニ、タコやイカにも顔がある。

顔は植物にはないし、クラゲやウニやヒトデ、サンゴにもない。動物の中の一部にだけ顔はあるのだ。顔には、生物の種によって呼び方は異なるが、眼、鼻、耳などの感覚器官と口がある。そして左右対称に配置されている。やはり眼や口があるものを顔と呼ぶのだろう。洞窟に棲む眼の退化した魚の顔は、少し顔と呼びにくい。

ホウセキキントキ
全長 20cm｜東京都 小笠原諸島｜水深 20m

メガネモチノウオ
全長 1.2m｜エジプト 紅海｜水深 15m

薄い顔

マトウダイ
全長 25cm｜静岡県 大瀬崎｜水深 25m

丸い顔

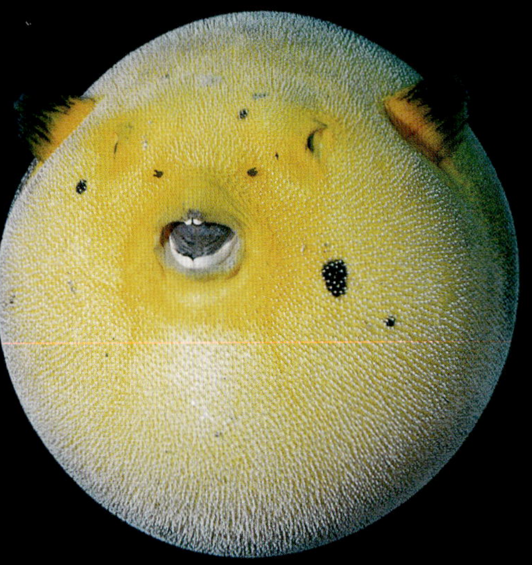

ミゾレフグ
全長 25cm｜東京都 小笠原諸島｜水深 20m

ハコフグ
全長 20cm｜静岡県 城ヶ崎｜水深 15m

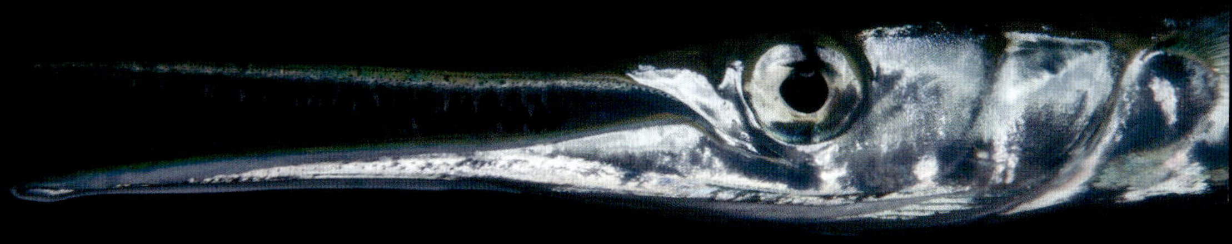

ダツの仲間
全長 50cm｜沖縄県 沖縄島｜水面下

どこまでが顔？

コノハガニ　雌
甲長 2cm｜高知県 柏島｜水深 7m
額に海藻をつけカモフラージュしている。
海藻類に似た緑色、褐色、紅色などとさまざま。
雌雄で形が異なる。

源

　眼や耳をもたない動物はいるが、口をもたない動物はいない。動物は植物と異なり、生きるためにエネルギー源を取り込む必要がある。その入り口が口だ。

　進化の初期の段階、例えば単細胞生物のゾウリムシは、体の真ん中に口があり、アメーバは体の表面全体から食物を吸収できるという。生命誕生の頃の海は有機物にあふれ、周りすべてが餌であった時代の構造と考えられている。

　生物個体が増え、餌を食いつくし始めた頃から、餌を獲得する競争が始まった。その時、より速く餌に到達するための推進装置と、体の進行方向に位置する口と、移動しながら餌や敵を感知できる前端に配置された感覚器官を備えた個体が有利になった。そして、情報を統御する脳が、それらの近くに発達したと考えられている。そんな風に私たちの頭や顔と呼ばれる場所はできあがってきたのだ。

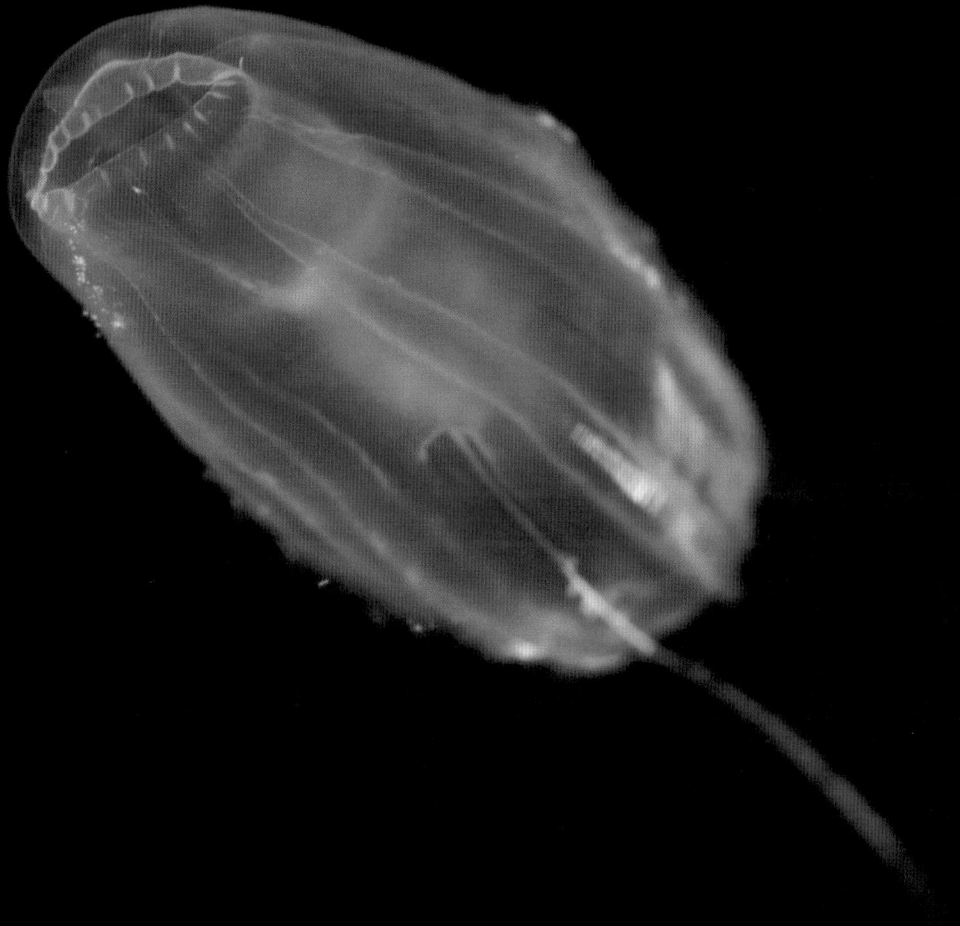

ヘンゲクラゲ
全長 4cm｜山口県 青海島｜水深 2m

コブシメの稚イカ
全長 3cm｜沖縄県 伊江島｜水深 12m
口は足（腕）を開くと正面にある。その中に硬い部分があり、
カラストンビと呼ばれる。獲物を噛み砕くために使われる。

コケウツボ

全長 70cm｜静岡県 大瀬崎｜水深 15m
顔はこわいが、けっして攻撃してくる生き物ではない。

口がつくる顔

アデヤッコ
全長 30cm｜インドネシア バリ島｜水深 15m

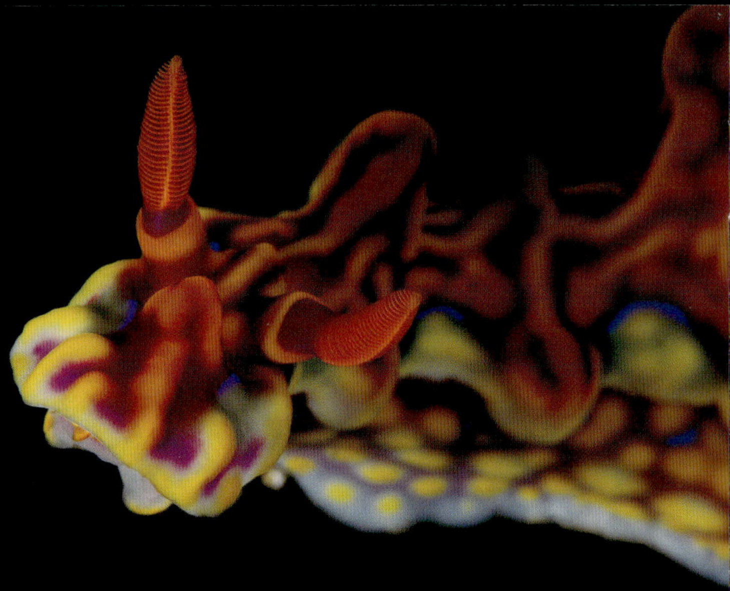

ミアミラウミウシ
全長 6cm｜静岡県 城ヶ崎｜水深 12m

ヘラヤガラ
全長 40cm｜沖縄県 瀬底島｜水深 20m

ガリバルディ
全長 30cm｜カリフォルニア USA｜水深 20m

オニカマス
全長 1m｜カリブ海 バハマ諸島｜水深 15m

トラギス
全長 17cm｜静岡県 大瀬崎｜水深 10m

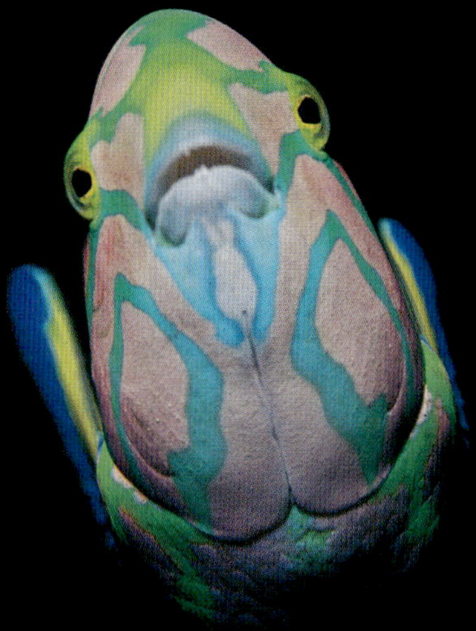

ヤマブキベラ　雄
全長 15cm｜沖縄県 久米島｜水深 20m

ヒゲハギ
全長 25cm｜静岡県 川奈｜水深 10m
全身に皮弁のはえたカワハギの仲間。

ホホスジタルミ
全長 35cm｜パラオ｜水深 20m

表情がある魚

表情がゆたかと形容される魚もいる。その代表がイソギンポの仲間だろう。何が特徴かなと考えると、くりくりとよく動く眼だ。巣穴から顔を出している時の表情が愛らしくもあり、コミカルでもある。そんなわけで、ダイバーには人気者だ。

巣穴の前に陣取れば、こちらを観察している眼と、よく眼があうし、危ないか危なくないか、迷っているのがよくわかる。この手のイソギンポで藻食性のものは、食事の時間が長い。しばらく陣取っていると、お腹がすくのだろう、早く巣穴から出て食事をしたいのがみえみえだ。こちらがじっとしていれば、すぐに慣れて、普段通りの行動を見せてくれる。

ホホグロギンポ
全長 13cm｜沖縄県 沖縄島｜水深 1m

メガネアゴアマダイ
全長 8cm｜沖縄県 西表島｜水深 8m
卵を守る口。口の中で卵を育てるが、時々巣穴の底においてくる。餌を食べる時間なのだろう。

スジアラ
全長 50cm｜オーストラリア｜水深 15m
丸飲みする口。とにかく、できるかぎり大きい獲物を丸飲みするための口。魚の口から飲み込んだ相手の顔が出ていることがよくある。

フエヤッコダイ
全長 12cm｜沖縄県 沖縄島｜水深 10m
奥まで届く口。サンゴ礁の作る複雑な地形に隠れ棲む甲殻類やゴカイ類を食べる。他の魚が届かない豊富な餌にたどりつける。

ノコギリハギの幼魚
全長 1cm｜沖縄県 沖縄島｜水深 20m

いのちの交感

同じほ乳動物の犬や猫の表情は理解しやすい。一方、複眼をもつエビやカニの表情はくみとりにくいし、魚の眼を含む表情は、少しは理解できるような気がする。小魚からみれば、まるでゴジラのように大きな僕に対する怒りの表情は、野生の強さに対する尊敬の念をいだかせるに十分だし、警戒しつつも値踏みをしているような鮫の眼も忘れがたい。

氷の上で子育てをするタテゴトアザラシは、母親も子供も個体によりずいぶん性格がちがう。目の前にすわると、好奇心をたたえた眼の子供がこちらに寄ってくる。こわがって逃げる子や、触ろうとすると噛みつこうとする子もいる。近づいても気にしない母親もいれば、その母親には近づかない方がいいよという僕の警告を無視して、氷の上で母アザラシに追いまわされた人もいる。

私たちは日々、相手の眼やささいな仕草の中に相手の気分や意思を読み取ろうとしている。それは、時に種をこえておこなわれる。捕食者や獲物は、近い種だけではないからだ。

−25m Republic of Palau

発光

虹色の生命体

アミガサクラゲが櫛板を波打つように動かし、獲物を探しながら海中を進む。水面からの太陽の光が反射され、プリズムの働きで虹のように輝く。虹は七色と表現されるが、じっと見つめていると一体何色だか数えられないほどの色を見ることができる。時には回転しながら、またちがう色を見せる。少し暗い海中で見ると、何かエネルギーを発射しながら進む宇宙船のように思えてくる。これが私たちと同じ命なのだ。

クシクラゲの仲間は発光する生物群として知られ、敵に対するめくらましのために光ると考えられている。その光は弱く、暗黒下でないと見えない。友人のダイバーの話だが、ナイトダイビングのあと、水中ライトは消え、船の位置もわからず漆黒の海面に一人浮いていた時、彼らが発光するのを見たという。想像するだけで神秘的でもあり、またおそろしくもある。

アミガサクラゲ
全長 15cm｜山口県 青海島｜水深 5m

緑のライト

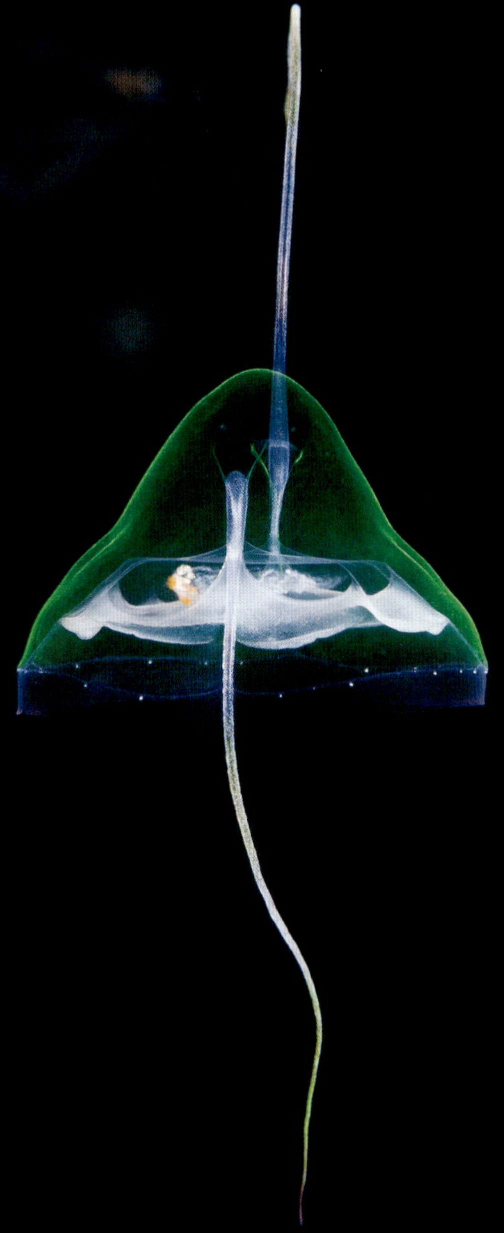

ヤジロベエクラゲ
傘の直径 1.5cm｜山口県 青海島｜水深 3m

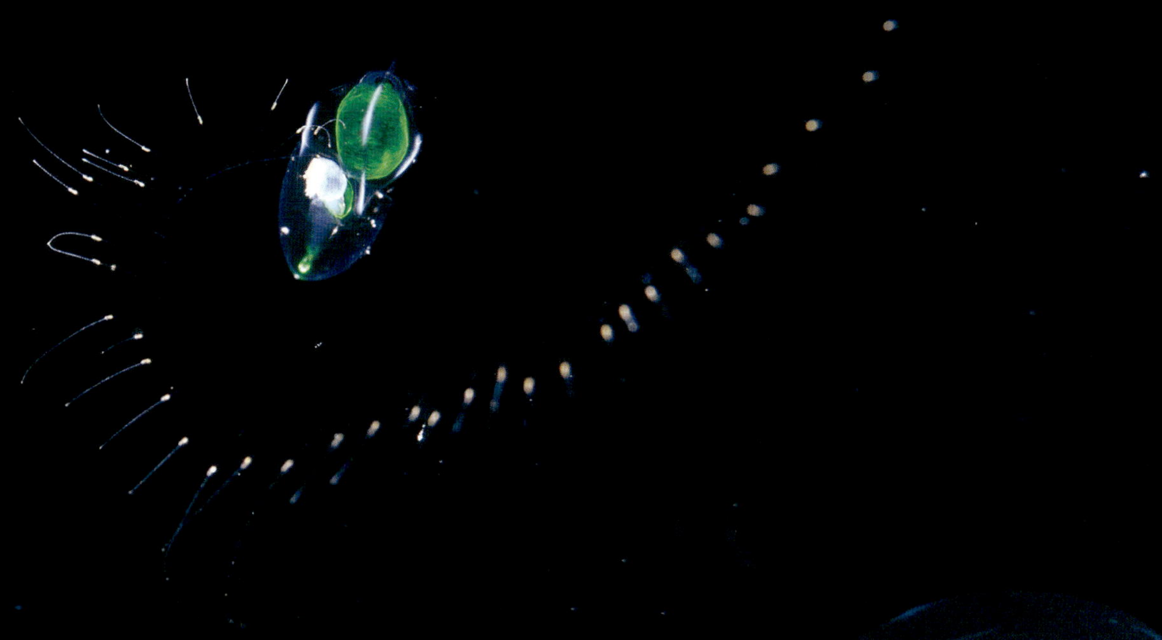

ある春の日、いつものように青海島の水面下を浮遊しながら撮影していて出会った一風変わったクラゲ。傘の中間から触手の出ているヤジロベエクラゲ。普段はほぼ透明で内部に白い部分があるが、その日はちがっていた。

特別暗い海中でもないのに、それははっきりと緑色に発光し、水中を漂っていた。まっさきに頭に浮かんだのは、「この緑の輝きが写るのだろうか」ということだった。半分祈るような気持ちでシャッターを押したことを覚えている。

その日は、タマゴフタツクラゲモドキやカラカサクラゲなども発光していた。たまにしか見ない発光が、そこら中で見られたのだ。餌に発光する微生物が多かったのか、あるいは海水中に発光を促進する何かがあったのか、不思議な一日が時々ある。

タマゴフタツクラゲモドキ
全長 8mm｜山口県 青海島｜水深 2m
くるくる回りながら、触手を投網のように打ち出す。
触手が一瞬で開いて、花火のように見える。

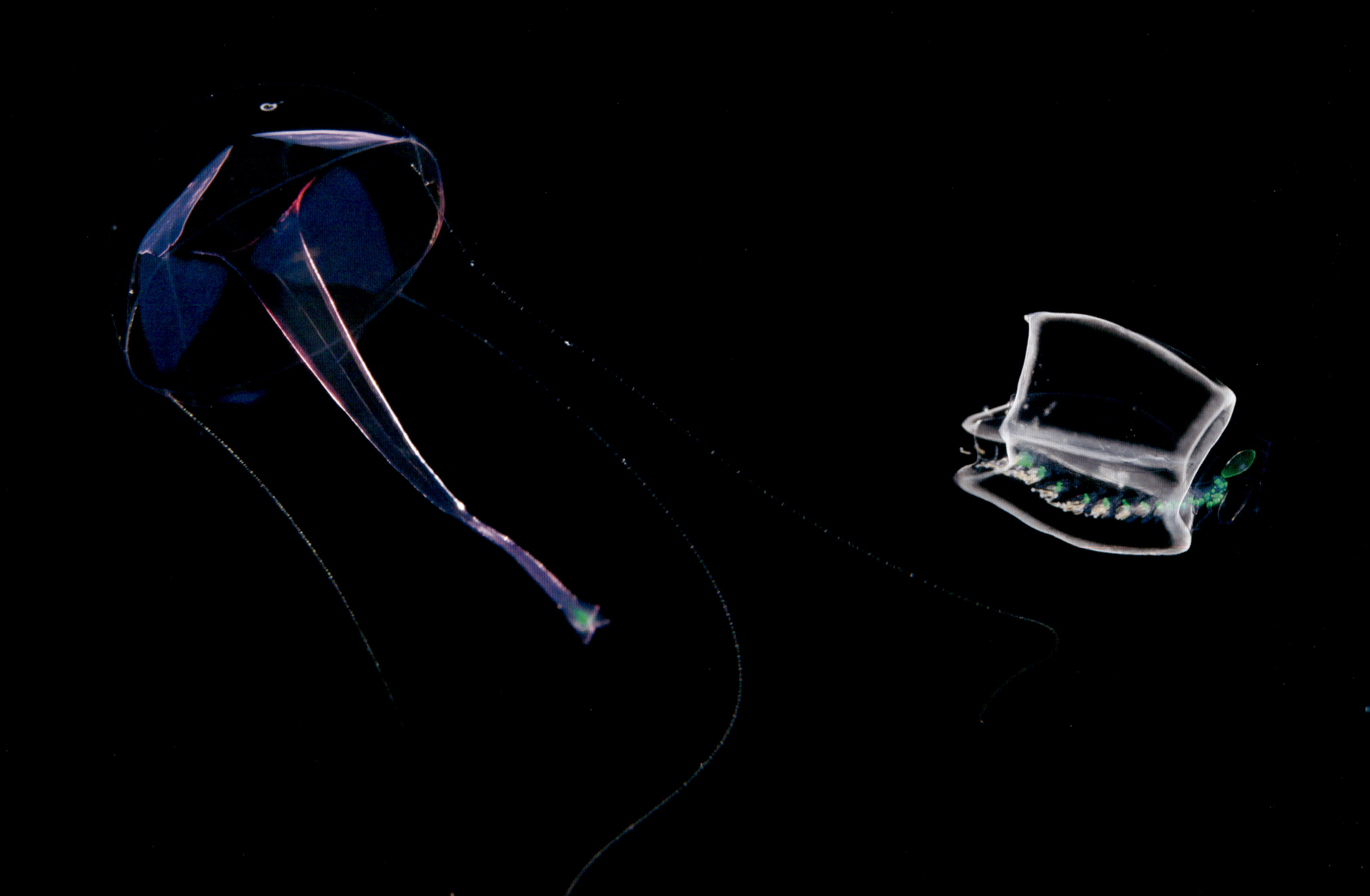

カラカサクラゲ
全長 3cm｜山口県 青海島｜水深 2m
餌を食べた口の部分がふくらみ、そこだけ発光していた。
傘の紫の部分も発光する時がある。

トウロウクラゲ
全長 1cm｜山口県 青海島｜水深 1m
この小さな箱がいくつも組合わさったような形の時もある。

フウセンクラゲの仲間
全長 5mm | 山口県 青海島 | 水深 1m

トガリフタツクラゲ
全長 10cm | 山口県 青海島 | 水深 3m

めく腕

その日はミズクラゲの大群が押し寄せていた。見渡す限りのミズクラゲが、あのゆったりとした泳ぎで流れていく。

その中に、10センチもない見慣れぬイカがいた。深い海に棲むヤツデイカだ。クラゲの間を浮遊する姿を撮影し、だんだん近づくと、8本の腕を見事に振り上げて威嚇した。

ファインダーの中に見えるその愛くるしい顔には似合わない見事な腕は、ギリシア神話のメドゥーサを思わせた。宝石のように輝く目をもち、見たものを石に変える神話の中の怪物。そして、海神ポセイドンの愛人。私たちが、けっして訪れることのできない深海からの贈り物。それは神様からの贈り物にちがいない。

サフィリナ（カイアシ類）**の仲間**
全長 3～5mm｜山口県 青海島｜水深 2m
外洋表層に生息。雄のみが皮殻の内面にあるグアニン結晶により光を反射し干渉色を発する。海の宝石と呼ばれる。雌は雄より発達したレンズ眼をもち、広大な外洋で雄を見つけるためともいわれる。
（下：水槽撮影）サフィリナに発光器のあるものは確認されていないが、発光器に見える。

ヤツデイカ
全長 7cm｜山口県 青海島｜水深 3m
蝕腕を欠き、腕は8本。体などに4対、各腕の先端に
発光器がある深海性のイカ。

オワンクラゲ
傘径 15cm｜山口県 青海島｜水深 3m
このクラゲから得られた蛍光タンパク質は、化学、医学の研究に貢献している。

光るしくみ

生物発光は、蛍光や反射とは基本的に異なり、生物のエネルギーによって光を放つもののこと。光る仕組みは、化学反応によるルシフェリン、ルシフェラーゼ反応と呼ばれる。発光する生物の多くはこれを自力合成するが、発光バクテリアなどを共生させ、それによって光るもの、餌として食べて得た成分を自らの発光に使うものもいる。特に深海生物の多くは、さまざまな目的のために発光することが知られている。その割合は、500メートル以深に棲む魚類では90%、エビ、カニ類では40～80%、オキアミ類では表層から1000メートルに棲む種の99%が生物発光をするとされている。また、ほとんどの深海生物による発光色は青か緑で、海水をよく通過するものだという。

発光の目的

ホタルイカモドキの仲間
全長 3cm｜静岡県 大瀬崎｜水深 10m
イカの色素胞によるストロボ光の反射。夜。

海で一番知られている発光生物といえば、ホタルイカだ。その発光はカウンターイルミネーションと呼ばれ、体を隠すことが主目的といわれる。彼らの生息深度では、光は常に上から降ってくるので、下から見れば、影として自分の姿が見えてしまう。そのため腹部に発光器を配置して、周囲と同じ明るさに調節すれば、影をけすことができる。約1000メートル、光が届く範囲に生きる遊泳性の深海魚のほとんどが、この方式を採用しているという。カモフラージュとしての発光だ。

ホタルイカの眼は、青、水色、緑を識別でき、仲間や雌雄の合図に使われていると考えられている。

魚類では、捕食のために発光器を眼の周りに配置して、サーチライトのように使うもの、チョウチンアンコウのように獲物をさそうもの、集団の維持に使うもの、発光器の位置とサイズが雌雄で異なり、両性のコミュニケーションに使用されていると思われるものもいる。防衛的な強い閃光を出せるもの、イカの墨のようにダミーとして使うものもいるという。

私たちが簡単に見られるマツカサウオは下顎に発光器があり、バクテリアを共生させている。夜行性のこの魚は、夜になると餌を求めて動き出すので、発光には餌をひきつける目的があると推測されている。南の海の薄暗い岩陰や洞窟に棲むヒカリキンメダイは、眼の下の発光器にバクテリアを共生させている。ライトをけしてみると、まるで光る眼が点滅する信号のように移動している。それは蛍の光にも似ていた。

赤潮などが押し寄せた海岸に夜、訪れてみたことがあるだろうか？　運がよければ、海岸が青色に発光しているのを見ることができる。ウミホタルの仕業だ。昼間は砂中で生活し、夜間に遊泳して捕食や交配をおこなう。発光の目的は敵に対する威嚇で、刺激をうけるとさかんに発光する。ウミホタルは光から逃げる性質があるので、仲間に危険を知らせるためとも考えられている。

夜のダイビングでライトを消し、泳ぐダイバーを見ていると、ウミホタルが発光して流れていく。そんな日に波打ち際に近づき、海水に手をいれると、ウミホタルの発光で字を書くことができる。

−25m Republic of Palau

戦略

変化するシステム

長い時間をかけて進化し、あるいは不要の器官を退化させ、生き物たちは変化してきた。あるものは強力な武器をもち、あるものは特殊な能力を獲得しながら変化し、今現在に生き残ってきた。その変化には、形や色や能力という目に見えてわかりやすいものだけでなく、性質や行動様式や、ひょっとしたら癖のようなものまで含まれているのかもしれない。

ミノウミウシの仲間は、餌の刺胞動物を食べることで、刺胞という毒液を発射する細胞内器官を取り込み、背中の突起の先端にため込んで身を守る。食べて毒針をため込むわけだ。その事実にも驚かされるが、ミノウミウシが本来発射されるはずの毒針を、どのように発射させずに体内に取り込むのか、そのシステムは解明されていない。あまりにも精妙な生き物の能力には、いつも驚かされる。

ガーベラミノウミウシ
全長 3cm｜静岡県 大瀬崎｜水深 20m
オウギウミヒドラの上で見られる。袋状のミノは自切する。

ゆるがぬ自信

オニオコゼは、あまり泳がず海底に潜み、カモフラージュして獲物を待ち伏せる。背鰭の棘に毒腺をそなえ、触ろうとしても毒針を立てて容易には逃げようとしない。その面構えに自信が満ちている。

一方毒などの武器はもたないが、スナビクニンもよほどのことがないとじっと動かず、体を丸め海藻や石に吸盤でついている。相手に存在がばれない自信がある感じだ。魚たちも動かないことが、目立たないことを心得ている。

オニオコゼ
全長 25cm｜静岡県 八幡野｜水深 28m

スナビクニンの幼魚
全長 2.5cm｜宮城県 志津川｜水深 5m
左右の胸鰭は一つにあわさって吸盤になり、浅い海底の揺れで泳ぐ必要はなく、エネルギーのロスがない。

ゴミで守る

バフンウニ
殻径 5cm｜静岡県 大瀬崎｜水深 5m
先端が吸盤になっている管足を使い、移動したり、
いろいろなものを体につけて身を守る。
時には人の捨てたゴミなどもつけている。
ウニでもゴミで身を守る種とそうでない種がいるのも面白い。

トウヨウホモラ

甲長 3cm｜静岡県 大瀬崎｜水深 15m
ハサミでウミトサカ類やクダヤギ類を切り取り、ハサミ状の第４歩脚で背負ってカモフラージュする。何かを背負うという習性は、ヤドカリ類に近い“原始的な”カニ類に多く見られる。
貝、ウニ、海綿、イソギンチャク、ヒトデなどが利用される。

針をまとう

ツマジロナガウニ
殻長径 4cm｜高知県 柏島｜水深 7m

ヒトズラハリセンボン

全長 25cm｜鹿児島県 奄美大島｜水深 15m
ハリセンボン科の魚は、防衛のため水を吸って体を膨張させ、
針状の棘を立てるものが多い。フグの仲間だが内臓に毒はない。

飛ぶ魚

船の航行中に水面を見ていると、いっせいに海中から飛び立つトビウオを見ることができる。飛魚、名前のとおり胸鰭を広げ、海面上をグライダーのように滑空する。主にシイラやマグロなどの捕食者から逃げるためといわれる。世界に50種、日本近海に30種ほどが知られ、滑空時は時速50～70㎞といわれる。

晴天のべた凪の日。水面は空の雲がうつるほど静かだ。エンジンの音がわずかに聞こえるだけで、船独特のゆったりした時の流れが気持ちいい。水面を見つめていると、いっせいにトビウオが飛び立った。船に驚いたのだろう。水面上をしばらく滑空したあと、彼らは尾鰭の先で水面をたたく。再び勢いをつけるために。水面に彼らが作った波が伝わっていく。あるものは飛行中、尾鰭の下端を水につけたままで、水面に一直線にラインを描く。見ていて飽きることがない。数十秒ものあいだ飛ぶものもいるし、意識しているかはわからないが、体をかたむけて方向を変えるものさえいる。

捕食者に追われた時、水中から水面に飛び出せば、おそらく捕食者の視界から、一瞬で消えることができる。そのため鰭が発達した。完璧なる逃避行動。

小笠原でイルカの撮影をしていた。彼らのジャンプの瞬間を撮っていた。船から水中を見ることに慣れると、彼らがどこを泳いでいるかわかるようになる。そして彼らがジャンプのためにスピードをあげた時、海面から飛び出す位置を予測して、ピントをあわせて撮影する。海中の彼らを目で追っていると、小さなものが海面から飛び出した。トビウオだ。イルカは水面に腹をむけながらトビウオを追いかけ、最後に落ちてきた所でトビウオを捕らえた。完璧なる逃避は、いとも簡単に破られた。

トビウオの仲間
全長 20cm｜宮城県 志津川｜水深 2m
胸鰭だけでなく腹鰭も大きいタイプ。

堅い装甲

マルソデカラッパ
甲幅 9cm｜静岡県 大瀬崎｜水深 10m
脚とハサミ脚をひっこめると、ピタリときれいな形に収まる。
襲う方にとっては、手がかりがない。上目づかいな感じが
どことなく微笑ましい。カニの仲間である。

ハマフグの幼魚
全長 2cm｜静岡県 八幡野｜水深 1m
ハコフグ科の魚は体が堅い骨板でおおわれる。
さながら頑丈な箱だ。
体の表面から粘液毒を出すが、内臓に毒はない。

メンコガニ
甲幅 7cm｜宮城県 志津川｜水深 9m
脚をたためば、ほぼすべてが頑丈な甲羅の下に入ってしまう。
英名ではタートルクラブ。言いえて妙な名前だ。
ヤドカリの仲間である。

寄らば大樹のかげ

シロワニとシマアジの幼魚
全長 2.5m｜東京都 小笠原諸島｜水深 7m
アジ類の幼魚はよく大型魚と一緒に泳ぐ。

出会いの戦略

海の宝石と呼ばれるウミウシは、原色系の派手な色合いのものから、地味な色合いのものまで多種多様だ。有毒なものを食べて毒を蓄積している種も多く、捕食者に対する警告色とも考えられている。

ウミウシは雌雄同体であるが、受精はちがう個体の間でおこなわれる。卵から孵化した幼生は、プランクトン生活をおくる。この時期は巻貝のような殻をもつが、変態して殻を失い底生の成体になる。

移動速度の遅いウミウシは、交接のため同種と出会うチャンスが少ないはずだ。だからこそチャンスをのがさないための雌雄同体なのだろう。

ある日、砂地の海底で１匹のウミウシが同種を追いかけていた。あきらかに後ろから追う方が速く、前のウミウシが通ったあとをきれいにたどっている。結局１メートルほどの距離を20分かけて追いつき交接した。ウミウシは移動時に化学物質を残すのではといわれているが、自分の目で見ることができたような気がしてうれしかった。目には見えない赤い糸が、確かにそこにあった。

ハナヤギウミウシ
全長 3cm｜北海道 臼尻｜水深 10m
泳ぐのではなく、海中に漂いながら移動中。

コンシボリガイ
殻長 7mm｜静岡県 城ヶ崎｜水深 10m
ウミウシの仲間の中には、貝をまだ体内にもつものも、コンシボリガイのように貝殻を背負うものもいる。
中間的な種かもしれないが、分類はその時の考え方で変わることもある。

ウミウシの仲間
全長 4cm｜インドネシア バリ島｜水深 15m

ヒオドシユビウミウシ
全長 6cm｜沖縄県 水納島｜水深 8m
体をくねらせよく泳ぐことで有名。ユニークな色彩だ。

ミカドウミウシ
全長 20cm｜東京都 小笠原諸島｜水深 7m
体をくねらせよく泳ぐ様子から、英名はスパニッシュダンサー。

エムラミノウミウシ
全長 3cm｜北海道 羅臼｜水深 7m

偽の眼

マトウダイ
全長 30cm｜静岡県 大瀬崎｜水深 15m
体の中央の目玉模様からついた名前。
敵が近づくと、この偽の目玉模様を出す。

暗闇に生きるもので、視力にたよらない生き物もいるし、イルカやクジラが、音を利用することも知られている。それでも、眼は生物にとって最も大切な器官の一つだろう。そのためか眼を目立たなくするデザインの生物は沢山いる。眼の場所が相手に容易にわかってしまうと、生物は普通前方に逃げるので、逃げる方向を察知されてしまうことだろう。

撮影者として海の生物とつきあっていると、「眼は口ほどにものを言う」を実感する。すぐ隣にいる魚に気がつかないことがある。ふと眼があった瞬間に、相手は逃げ出すのだ。眼と眼があったとたんだから、相手もこちらの眼を見ているのだ。そうした経験から、目的の魚に近づく時、目をあわさないように近づくと、とても有効なことに気がつく。

カモフラージュの天才のような生物を見つけた時、相手の眼に気づいたケースが多い。今のデジタルカメラより、被写体に5センチでも近づくことが重要だった時代、相手の眼の中にある怒りや警戒やおそれを探りながら、互いの距離を計りあっていた。危険にあふれた野生の世界に生きる者たちは、捕食する時も、どこかに潜むおそろしい敵に気がつく時も、キーワードは眼なのではないだろうか。自分の体を相手に大きく感じさせるような偽の眼や、感情や行動をさとられないための偽の眼は、生き残るために大きな効果がある。だからこそ、陸の世界にも海の世界にも、偽の眼をもつものが沢山いるのだろう。

ミナミハコフグの幼魚
全長 3cm｜沖縄県 沖縄島｜水深 8m

ケショウフグの若魚
全長 20cm｜フィリピン｜水深 15m

ミゾレフグの幼魚
全長 1.5cm｜沖縄県 久米島｜水深 2m

貝を引っ越す時には、イソギンチャクをつけかえる。ヤドカリがハサミ脚でイソギンチャクを刺激すると、イソギンチャクはポロリとはがれるが、人がやってもけっして離れない。

　ヤドカリがつけるイソギンチャクは、種ごとに決まったものであるのも面白い。深海性のヤドカリの中には、イソギンチャクが分泌物でヤドカリ用の殻を作るものがいるという。ヤドカリの成長にあわせ、殻も大きくなるので引っ越しをする必要がない。資源の乏しい深海でできあがった特殊な関係なのかもしれない。

謎に満ちた関係

ヤドカリイソギンチャクをつけたヨコスジヤドカリ
甲長 4cm｜静岡県 大瀬崎｜水深 10m

フラッシング

ヨメゴチ
全長 35cm｜静岡県 大瀬崎｜水深 20m
敵がせまると、目立つ鰭を広げて相手を威嚇する。一瞬が生死をわける世界では役にたちそうだ。

電気を使う

シビレエイ
全長 25cm｜静岡県 大瀬崎｜水深 25m
胸鰭にある発電器官で 50～60ボルトの電気をおこし、小魚や底生動物をしびれさせて食べる。

化かし合い

擬態の中でも、擬態者が何か特定のモデルに化ける場合をミミックと呼ぶ。陸の世界でいうと、アシナガバチにそっくりなカミキリがいて、その動きまでが蜂らしい。シマウミヘビ（ウミヘビ科の魚類）は、エラブウミヘビ（爬虫類）にそっくりだ。鼻孔が管状なので、慣れた眼があれば見分けがつくが、もともと体の形状も似ているので、泳ぎ方も瓜二つだ。

掃除屋として有名なホンソメワケベラ（ベラ科）の棲む場所には、いろいろな魚が寄生虫などを食べてもらうために訪れる。じっとして口を開ければ、口の中に入って掃除をしてくれる。ホンソメワケベラは黒と白の目立つ衣装で、上下に飛び上がるような独特の泳ぎ方をして自分の存在を他の魚に知らせる。餌がむこうからやってくるという恵まれた生き方である。これに化けるのがニセクロスジギンポ（イソギンポ科）。近づいてきた魚の鱗や皮膚を食いちぎる。やられた大型魚は、怒って本種を追い回す。さらに成魚と色が異なるホンソメワケベラの幼魚に、ニセクロスジギンポの幼魚は酷似している。

沖縄に棲むニジギンポは、白と黒の派手な色彩で、歯に毒をもつヒゲニジギンポに化ける。伊豆などのヒゲニジギンポの棲まない地域では、地味な茶色だ。外国のヒゲニジギンポは頭が黄色いものが多い。そしてそこに棲むニジギンポも頭が黄色いのである。

シマウミヘビ（魚類）
全長 70cm｜沖縄県 石垣島｜水深 7m

エラブウミヘビ（爬虫類）
全長 70cm｜沖縄県 瀬底島｜水深 8m

ホンソメワケベラ
全長 7cm｜沖縄県 水納島｜水深 7m

ニセクロスジギンポ
全長 8cm｜沖縄県 瀬底島｜水深 8m

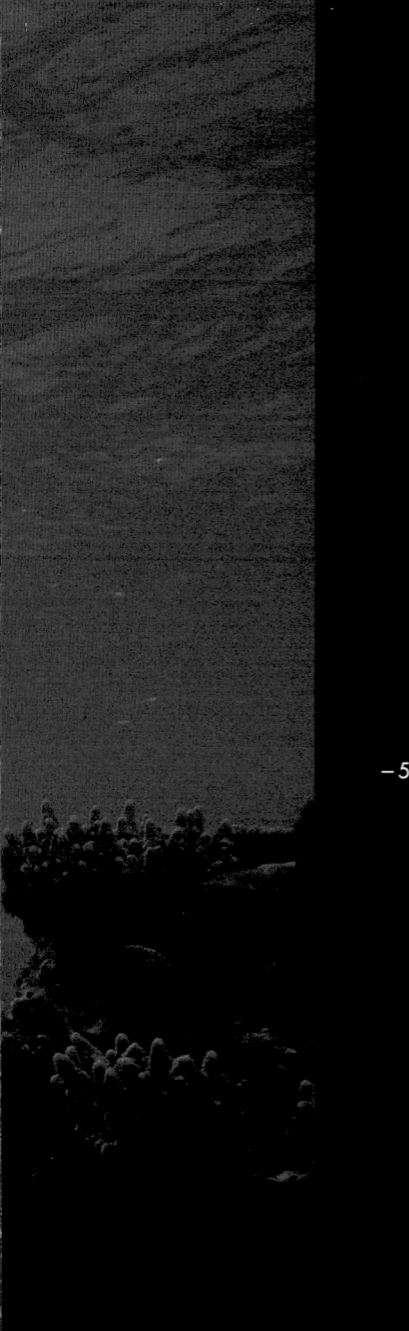

−5m North Western

究極の変装

野生の世界で、最も必要なのがカモフラージュだろう。目立たないことは、身を守るためにも、捕食のためにも有利になる。各自が自分の生きる環境にあわせて、目立たぬように工夫している。たとえ人の眼に派手な色に見えても、水中という赤色が水に吸収されて失われる世界で目立たないこともあれば、捕食者の眼の構造から目立たないこともあるだろう。

捕食者が同種の中でも比較的目立つものを食べてしまうので、徐々に目立たぬ遺伝子をもったものが生き残るという話がある。いわゆる自然淘汰だ。

色だけでなく、形までも棲む場所に似せる小さなエビやカニや魚たち。見事なカモフラージュができあがるために、一体どれほどの長い時が必要なのだろう。人が唱えるいろいろな説をこえた、何かを感じずにはいられない。

ビシャモンエビ
全長 1.5cm｜沖縄県 水納島｜水深 12m

ムチカラマツエビ
全長 1.5cm｜静岡県 大瀬崎｜水深 20m

背景に消える

この種のヤギ類（刺胞動物）のみに棲む。尾部を巻きつけた状態では１センチほどのタツノオトシゴの仲間。近づくと眼をそむけることが多い。ヤギにあわせ、体がデコボコで、眼以外は目立たない。海外で発見され、日本で同種のヤギを探したダイバーが見つけた。まだ和名はない。小さく、水深が少し深く暗いこともあり、僕のような歳では見つけにくい。最初に水中ライトの中に浮かび上がった、この生物を見つけた人の驚きと感動はどれほどのものだっただろう。

実物大

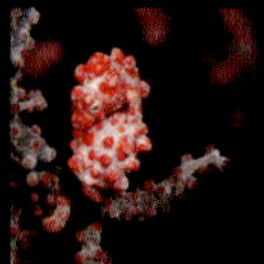

ピグミーシーホース
全長 2cm｜沖縄県 伊江島｜水深 30m

ナシジイソギンチャクに棲むアヤトリカクレエビ
全長 1.5cm｜静岡県 大瀬崎｜水深 30m
宿主（棲家）にあわせて、色や模様に
変異がある。

ベニカエルアンコウ

全長 7cm｜東京都 大島｜水深 12m
複雑な海底環境の中で、この魚を見つけるには、
眼に気づく以外にない。撮影者としての実感だ。
攻撃にも防御にも効果的だ。
小さな緑色に写った眼を探してください。

キアンコウ

全長 1m｜静岡県 城ヶ崎｜水深 30m
砂地と同色のうえ、扁平な体。
顔まわりの多数の皮弁。大きな口。
砂地に溶け込む待ち伏せ型の捕食者。
これで砂の中にひそみ、眼だけを
出していることも多い。

ツノメヤドリエビの仲間
全長 2.5cm｜鹿児島県 奄美大島｜水深 15m
宿主のウミシダの色にあわせて色変異が多い。小エビ類は一説によると、人為的に引っ越しさせると1週間ほどで色が変わるという。2匹いる。

あふれる色の中で

　南の海は、沢山の生物であふれている。それぞれが、それぞれの色や形で生きている。彼らが作る色や形の混沌とした風景には、独特の美しさがある。一見派手な色や模様の生き物も、そんな風景の中では、かえって目立たないことがある。
　２種類の魚が、刺胞動物やホヤの作った風景の中にひそんでいる。よく探せばさらに沢山の生き物を見つけられるだろう。

クダゴンベ
全長 10cm｜インドネシア バリ島｜水深 20m

ネッタイミノカサゴ
全長 13cm

ウキゴカイの仲間
全長 15cm｜山口県 青海島｜水深 2m
内臓などはまったく見えない。これが生き物か。

景色に消える

可視光線をすべて吸収するものは黒、すべて反射すれば白。透過させれば透明と物の本には書いてある。ガラスがそうだ。小エビ類はよくガラス細工のような、と形容される。陸上を含めて、透明度に差はあるが、透き通る生き物はかなりいる。透明は究極のカモフラージュといえるのだろう。

古来より洋の東西を問わず、妖精や天狗の隠れ蓑、SFの世界で語られる、人の夢でもある。

海の中では、完全な透明でなくても、色と透明が混じりあって、棲む場所に溶け込み、見つけにくい場合もある。分断色の効果もある。半透明なイカは、たえず変化する水面の色によく溶け込む。

透明な生き物に、心惹かれるのはなぜだろう？

クシクラゲに飲み込まれた何者かが、透明で何もない空間の中で、消化されていくさまを見る時、「どうやって？」と叫んでいる。人はおろかで「見えない」ことが「ない」ことになる。

ガラスは紫外線を少ししか透さないので、紫外線を感知する昆虫や鳥には透明とはいえず、もしＸ線を感知する生物がいれば、人は半透明の骸骨に見えるのだという。

ウチワエビ類のフィロゾーマ幼生
甲幅 1cm｜山口県 青海島｜水深 2m

透明という選択

　稚魚が、浮遊生活から生活場所を海底に変えることを着底という。ササウシノシタの稚魚は透明だが、眼はすでに片側に移動している。生活環境が変わり、餌なども変わるため体の構造を変えることを変態という。

　体の色は、一晩で出てしまうこともあるようで、海底で透明な子供を見ることは稀だ。水槽などの観察では一度色が出たものが、何かの拍子でまた透明になってしまうこともある。

　一旦あまり条件のよくない環境に着底して色がついても、再び浮遊する時のために、透明にもどれる種もいるようだ。水中を漂う間は、透明がもっとも有効なカモフラージュだからだろう。この魚も、撮影に驚いたのか、再び浮遊にもどってしまった。

ササウシノシタの仲間の稚魚
全長 2.5cm｜東京都 大島｜水深 8m

ソリハシコモンエビ
全長 3cm | 沖縄県 西表島 | 水深 15m

スカシテンジクダイ
全長 4cm | 沖縄県 西表島 | 水深 8m

アオリイカの稚イカ
全長 2.5cm | 静岡県 大瀬崎 | 水面下

海のカメレオン

美しい色で有名な熱帯性のコウイカ。普通は泳がず、海底付近にいて、太い腕を足のように使って這い歩く。普段からハナイカは美しい色をしている。近づくとさらに派手な色で２本の腕を高くかかげて威嚇する。さらに撮影を続けると、ネオンサインのようにめまぐるしく色を変えながら、ゆっくり海底を歩くように逃げる。と思ったら、急にスピードをあげ、離れた場所に移動して止まり、同時にその場所で目立たない色になる。白い方の写真がそれだ。瞬間的な移動と目立つ色から目立たぬ色への変化。視界から「ふっ」と消えた感じで見失う。

イカには色素胞と呼ばれる装置があって、オモクロームという褐色や黄色、赤色の色素を含んでおり、これが凝集したり拡散したりして色を変えることができる。また皮膚には３色の色素胞が何層かに重なって存在するため、色が重なった部分ではさらに異なった色合いがあらわれるという。

ハナイカ
胴長 5cm｜高知県 柏島｜水深 10m

静物に化ける

リーフフィッシュ
全長 12cm と 7cm｜インドネシア バリ島｜水深 8m

カミソリウオ
全長 8cm｜沖縄県 西表島｜水深 3m

　海底にも枯れ葉もあれば、海藻の切れ端もある。リーフフィッシュのように、いつも枯れ葉の側で見つかるものもいれば、海藻が海底で揺れている様子をまねる魚もいる。

　一瞬海藻に見えるボロカサゴは、波に揺られるような動きをしている。カミソリウオは、サボテングサという海藻の枝の一枝のように、じっと浮かんでいる。ヒラミルミドリガイは、棲む場所の色とまったく同じで、知識をもって探さなければ、容易には見つからないだろう。

ボロカサゴ
全長 20cm｜高知県 鵜来島｜水深 30m

ヒラミルミドリガイ
全長 1.5cm｜静岡県 黄金崎｜水深 8m

－30m

植物のような動物

　ウミトサカ類やヤギ類は、刺胞動物門、花虫綱の八放サンゴの仲間たち。ソフトコーラルとも呼ばれる。群体を作り、ポリプをもつ。ポリプは８本の羽状の突起をもった触手をもち、流れてくる餌を捕らえる。ウミカラマツ類は６本の触手をもつ六放サンゴの仲間。
　海底に固着して生きるこれらの動物は、我々の常識からすると花に見える。海流や潮の満ち引きが、餌になる小さな動物たちを運んでくれる「海」という環境ならではの動物だ。

静岡県　大瀬崎の海底風景｜水深 30m

中央…オレンジの三角帽子のようなオオミナベトサカ　高さ 10cm～20cm
花が咲くようにポリプの出ているものと、出ていないものがある。
左上…ススキカラマツ
左下…くるくる巻いたバネのようなネジレカラマツ

ヤギ類のポリプ
画面の幅 3.5cm｜静岡県 大瀬崎｜水深 30m

ムラサキハナギンチャク
触手環の直径 30cm｜静岡県 大瀬崎｜水深 15m

ウスカワイソギンチャク

イソギンチャク

センジュイソギンチャク

イソギンチャクの仲間

タマイタダキイソギンチャク

刺胞動物門、花虫綱、六放サンゴの仲間の大きな2つのグループにイソギンチャク類とイシサンゴ類がある。イシサンゴ類（造礁サンゴ）は石灰質の骨格をもつが、体の構造はイソギンチャク類とほとんど同じだ。基本的には6の倍数の触手をもち、小型の動物を餌にしている。

イソギンチャクは基本的に雌雄異体だが、雌雄同体の種もいれば、無性生殖によって出芽、分裂などで増える種もいる。ウメボシイソギンチャクは、胃腔内で小型個体を再生し、まるで子を産むように親個体の口からはき出す。オヨギイソギンチャクは、1本の触手からその他の部分を再生し、名前の通り泳ぐこともできる。敵であるヒトデが近づくとジャンプして1.5メートルも離れた所に着地する種もいるという。

刺胞動物というくらいで、多かれ少なかれ、刺すと考えて触らない方が無難だ。ウンバチイソギンチャク（海の蜂）は特に強力な毒があるし、海に潜るなら危険な種は覚えておくべきだろう。

サンゴイソギンチャク

イソギンチャクの仲間

ミクロネシア　チューク

造礁サンゴとは、サンゴ礁を形成するイシサンゴ類の総称。サンゴ礁はイシサンゴ類が死んだあとに残る、石灰質の骨格の上に積み重なり成長していく。サンゴ礁を作るサンゴのポリプ（1匹のサンゴ個虫）の一つ一つは、わずか数ミリだが、自分を再生してクローンを作り、互いをつないで群体となり、大きくなっていく。生物が作った構造物で、宇宙船から見ることができるのは、万里の長城とサンゴ礁だけだという。

サンゴ礁に浮かぶ小さな島。サンゴが死んで折れ、波に揺られてサンゴの砂になる。ブダイはサンゴをかじり、糞として砂をまきちらす。星砂のような、石灰質の殻をもつ有孔虫の死骸や貝殻もサンゴ礁の白砂の中にある。砂は潮の流れや波の力で浅い場所に集まることがあり、ついに水面上に顔を出す。鳥の糞の中の植物の種子が芽を出し、流れついたヤシの実が育つ。時には人が植物を運ぶ。そうして小さな島が、サンゴ礁の上にできあがる。

やがて人が住み着き、サンゴ礁により外海の荒波から守られながら生活する。サンゴたちが、ありとあらゆる生物に棲家を提供している。

サンゴの世界

フィリピン　エルニド

ミクロネシア　チューク｜水深 3m

共生と競争

　砂地に発達したサンゴの塊。多様な種の競争の結果だ。サンゴはポリプでプランクトンを捕食するが、造礁サンゴは褐虫藻と共生し、褐虫藻が光合成で作る酸素と栄養を得ている。褐虫藻は、サンゴが排泄物として出す炭酸ガス、窒素、リンを利用し、共生している。そのため太陽の光が必要で、造礁サンゴは浅い海に発達する。光を奪いあうように他のサンゴの上に発達するものもいれば、邪魔な相手を迂回して上にのびるものもいる。スイーパー触手と呼ばれる、長い攻撃用の触手で、隣のサンゴを攻撃したりもする。

　成長の速いサンゴの真ん中に、ポツリと残された島のように、成長の遅いキクメイシの仲間がいる。よく見ると、取り囲むサンゴを攻撃して、溶かしたようなあとが見える。なんとか自分の生きるスペースを確保しているのだろう。一般に成長の遅いサンゴは争いに強く、速いサンゴは弱いという。南の島の海底に、オブジェのようにたたずむ、一見動きのないサンゴたち。その美しいたたずまいの裏に、静かな闘いがあるのだ。

ミクロネシア　チューク｜水深 2m
太陽の光をより効率的にうける形だろうか。
光にむかってのびる力強さを感じる。

サンゴの色

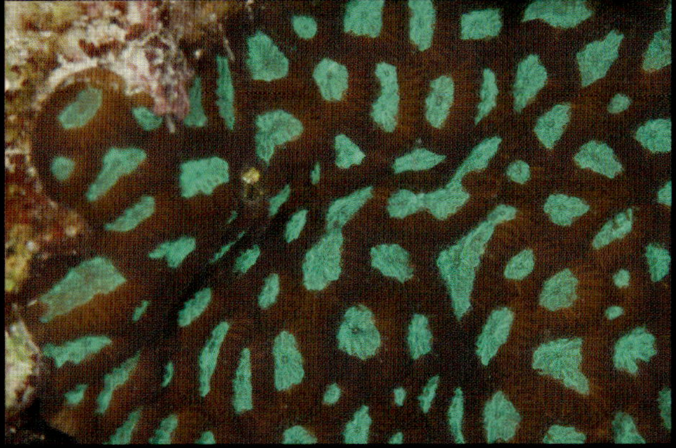

キクメイシの仲間

ミドリイシの仲間

スリバチサンゴの仲間

ミドリイシの仲間
沖縄県 西表島｜水深 5m
サンゴの危機、白化。
一見美しいが、危機的状況だ。
水温が下がると褐虫藻がもどり再び
色がつくが、時間との闘いである。

水温の急激な上昇などにより、褐虫藻がサンゴの組織内に保持できなくなり、外に出され、サンゴの骨格の白が見えてしまう。サンゴは必要な栄養の90％以上を褐虫藻から得ているので、これが長く続くとサンゴは死んでしまう。現象自体は古くから知られるが、近年大規模におこっている。沖縄などで、台風が少ない年に白化はおこりやすい。

台風によって外海の水が内海に大量に入ると、水温はさがる。残念ながらダイビングはできなくなるが、サンゴのために「台風こないかな」と現地の友人と話すことがある。あまりに大きな台風だと、人にもサンゴ礁にも被害が出てしまうのだが…

サンゴの色で一番多いのは褐色。共生する褐虫藻の色だ。それ以外の緑、桃色、黄色、紫などは、サンゴの色。堅い骨格に小さな穴があり、そこにポリプが収まる。

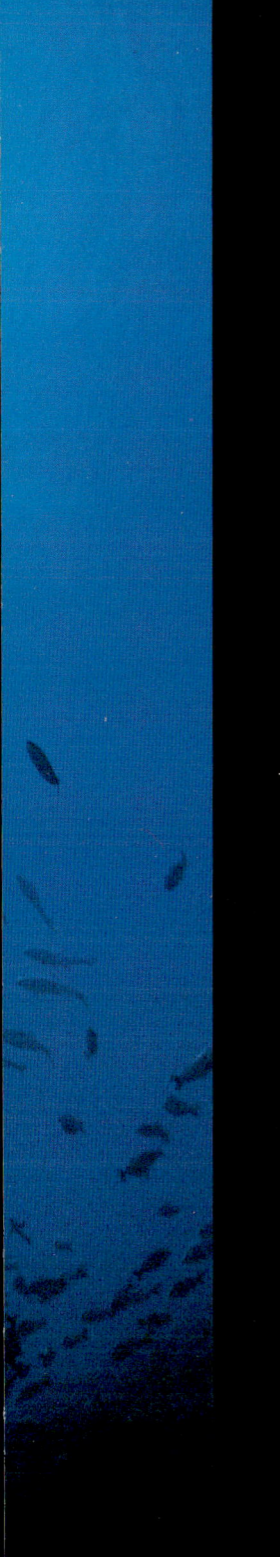

−25m Rangiroa

集団の利益

海の中にもいろいろな群れがある。イルカなどの哺乳類は血縁集団の群れ、社会性のある群れを形成する。集団繁殖のための群れは海の生物ではかなり多く見られる。捕食される立場にある小さな生物が群れることも多い。単独で生きる場合、捕食者と出会った時に生き延びる確率が低い。群れになれば自分がねらわれる確率が下がる。希釈効果と呼ばれ、ある意味、利己的な群れといえる。

大型のアジ類が、小魚の群れを襲うのを見ていると、大群の中から獲物を捕食するのは容易でないことがわかる。アジはこのことをよく知っていて、襲うための群れを形成する。

繁殖という観点から見ると、群れの中では相手を探す労が省ける利益がある。一方、不利益といえば、餌と棲家をめぐる競争だろう。プランクトン食など、比較的容易に餌を得ることのできる魚に、群れを作るものが多いことが納得できる。

サギフエ
全長 6～10cm｜静岡県 大瀬崎｜水深 15m
冬、深い海からあらわれる来訪者。

イサキの仲間
全長 25cm｜コスタリカ沖｜水深 25m

エイの集会

２月から３月の冬の時期、普段は単体または数匹の群れでみかけるマダラトビエイが数十匹も群れている場所があった。イーグルレイシティーと呼ばれ、ダイバーの間で有名になった。そんな場所は、世界中でサイパンの他に知られていなかったし、びっくりしたものだ。

日本でもエイの仲間が仔を産むため浅い所に集まることは観察されている。エイのように大きなものでも、こうして集団繁殖するのは、仔が一カ所に集中することにより、捕食者が食べきれないという理由からと思われる。普通大型の捕食者は集団で生活しないからだ。

僕が撮影してから十数年。イーグルレイシティーにマダラトビエイの群れはあらわれなくなった。環境が変わったのか、あるいは、訪れる僕らダイバーの存在がそうさせたのかもしれない。新しいシティーは、どこにあるのだろう。

マダラトビエイ
全幅 1.5m｜サイパン島｜水深 25m

海のメッカ

初めてイレズミフエダイの群れの写真を見た時は、本当に驚いたものだ。パラオで１カ月潜っていても、１回遭遇できるかどうかの稀種。本来棲む水深は300～500メートルだというから出会えないのも当たり前なのだが。春先、パラオのペリュリュー島で、写真のような風景は見られる。この島にあたる潮の流れは強く、外海に流れていくので有名だ。それを知っていて、卵を生物密度の低い、敵の少ない外海に流すため、この島に集まるのだろう。産卵中にめざとく卵を食べにくる魚はいるが、集団による1カ所での産卵により、食われる卵の割合は微々たるものになることが、集団繁殖の利点と考えられている。

リーフの縁にそって、とても画面に収まりきらないほどの魚群の行進が延々と続く。そのむこうに見える青は、はるかな深み、本来の彼らの棲む場所へ続く青。どのようにここへ集まり、どのように産み、どのように帰っていくのか？いつかわかる日がくるのだろうか。

海も太陽と月の引力をうける。1日に2回ずつ、満潮と干潮をくりかえす。そして満月と新月の日、月と太陽と地球が一直線にならぶ日、その干満の差がもっとも大きくなる。海に暮らす生き物に、それがわかるのは当たり前かもしれない。しかし、その日のために集まり、産卵することをどのように知るのだろう。言葉として伝えるすべをもたない生物がとる統一した行動。本能としてくくられるいろいろなことは、どのようにして伝えられていくのだろうか。

イレズミフエダイ
全長 35cm｜パラオ ペリュリュー島｜水深 30m

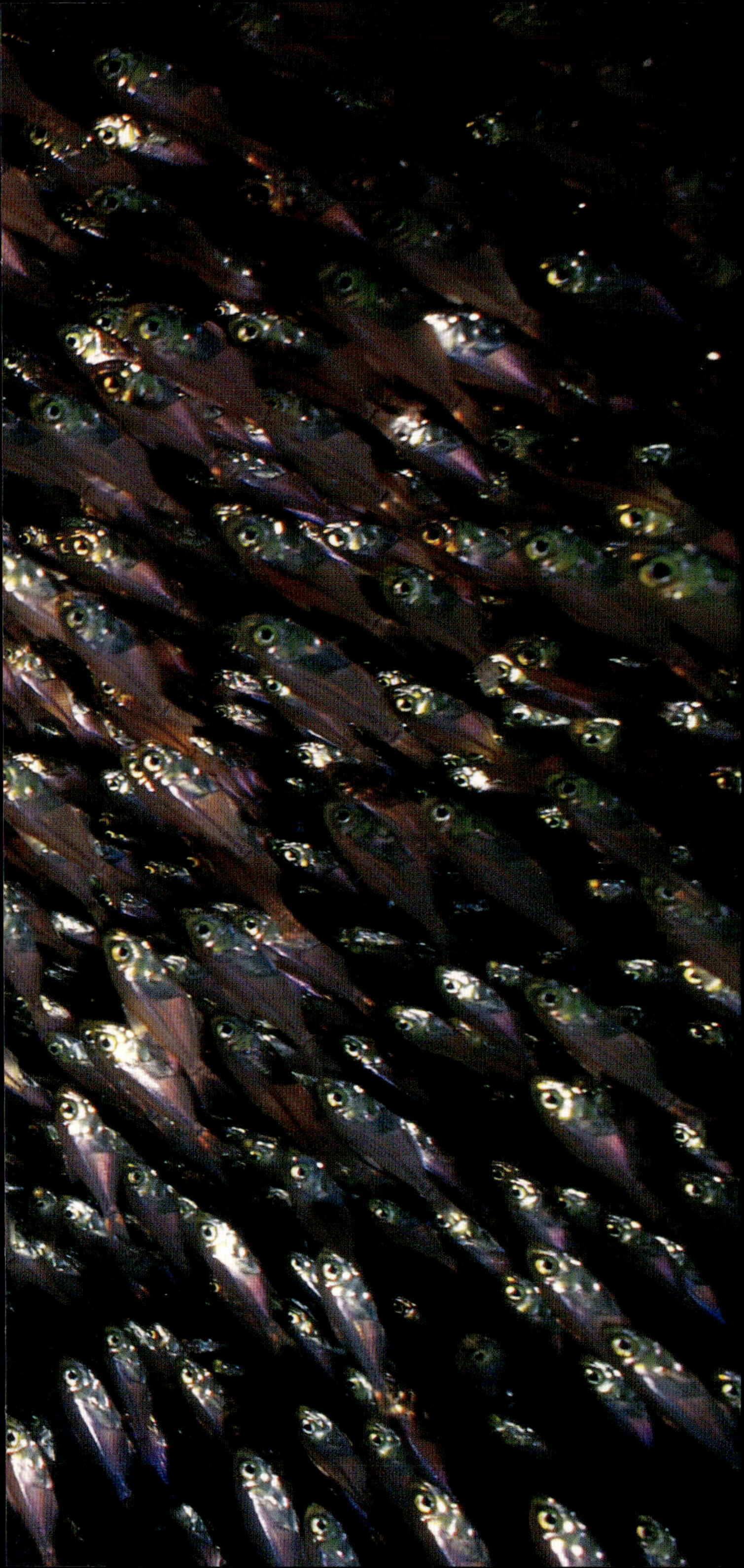

キンメモドキ
全長 4cm｜紅海 エジプト｜水深 15m
数千の群れか？　昼間は岩陰などに群れ、夜間はバラバラになって餌をとる

デバスズメダイ
全長 4cm｜インドネシア バリ島｜水深 3m

季節の群れ

初夏のデバスズメダイの群れ。1年のうち群れが一番大きい時期である。小さくて目立たなかった幼魚たちが成長し、成魚の群れの近くで大きな群れになる時だ。育ってくる幼魚を見ていると、こちらの気分もウキウキしてくる。この後だんだん食われて、群れは小さくなっていく。

毎年沖縄の旧暦6月1日と7月1日頃、満ち潮にのって、スクと呼ばれるアミアイゴの幼魚が大挙して沖から沿岸にやってくる。産卵後1カ月ほどで、成長した幼魚たちがもどるのだといわれる。

人々は、彼らを大量に捕らえ、スクガラスという保存食にする。沖でプランクトンを食べて育った幼魚が、沿岸で海藻を食べるようになると、味も変わるので、やって来たばかりの時をねらう。運良くこの時潜っていると、海底や岩を覆い尽くすほどの、その数に圧倒される。

毎年くりかえされる自然の営み。人にとっての海のめぐみである。

アミアイゴ
全長 5cm｜沖縄県 水納島｜水深 8m

グループで対抗

小さな魚が集団で、大きな捕食者を追い払うことがある。モビングと呼ばれる行動で、肉食のオコゼの仲間を食われる側の小さな魚が追い払う。皆で威嚇したり、尾鰭で砂をかけたり、しまいには果敢に体当たりさえする。逆に食われるのではないかと心配になるが、一度も食われたのを見たことがない。面白いのは、追い払うのが一種の魚ではないこと。周辺に棲む無関係であるはずの数種類の魚がそこに参加するのだ。最後には縄張りをもつハタまで出てきたりする。

写真は、近づいてきた鮫に、ギンガメアジの群れの中から十数匹が体当たりしている様子。鮫はたいした反応も見せずに普通に泳ぎ去った。見事に追い払ったのか？　あるいは、鮫肌を利用して体を掻いていたのだろうか？　魚も寄生虫などを落とすためか、海底とか堅いものに体をぶつけて掻くことがある。

メジロザメの仲間　全長 2m｜ミクロネシア　パラオ｜水深 25m
ギンガメアジ　全長 40cm

襲うための群れ

鮫やアジ類の大型の捕食者でも、大群の中から捕食するのは容易ではない。目標が多すぎて、目移りすることもあるだろう。撮影者としての実感もそうだ。岩の間にいた数十匹の鮫をねらう時に、目標も定めずに突っ込んで、すべて逃がしたことがある。

アジの場合は、多くが群れて生きる。より大型の捕食者への対策もあるのだろうが、自らが捕食するために協調して行動する。目標の群れに、突っ込み撹乱するものがいる。周りを囲み、遠くに逃がさないものもいる。何回も突撃をくりかえしたあげく、群れから脱落したものが捕食される。

この写真のように、たまたまかもしれないが、鮫とアジが協調することもある。病気などで弱ったものは、最初に脱落して食われてしまい、結果として病気の蔓延から群れを守る効果があるともいわれる。

ゴンズイの幼魚の群れ　全長 2cm｜ミクロネシア チューク｜水深 7m

自由自在な群れ

　リーダーもなく、先頭をいくものもない。自由自在に形を変えながら海底の餌をついばむ。ダンゴ状になる群れは「ゴンズイ玉」と呼ばれる。この行動はフェロモンによって制御されているという。背鰭と胸鰭の第一棘条に毒があり、さながら毒針の要塞だ。

ゴンズイの成魚
全長 15cm｜東京都 小笠原諸島｜水深 8m

−1m Chichijima Ogasawara Is

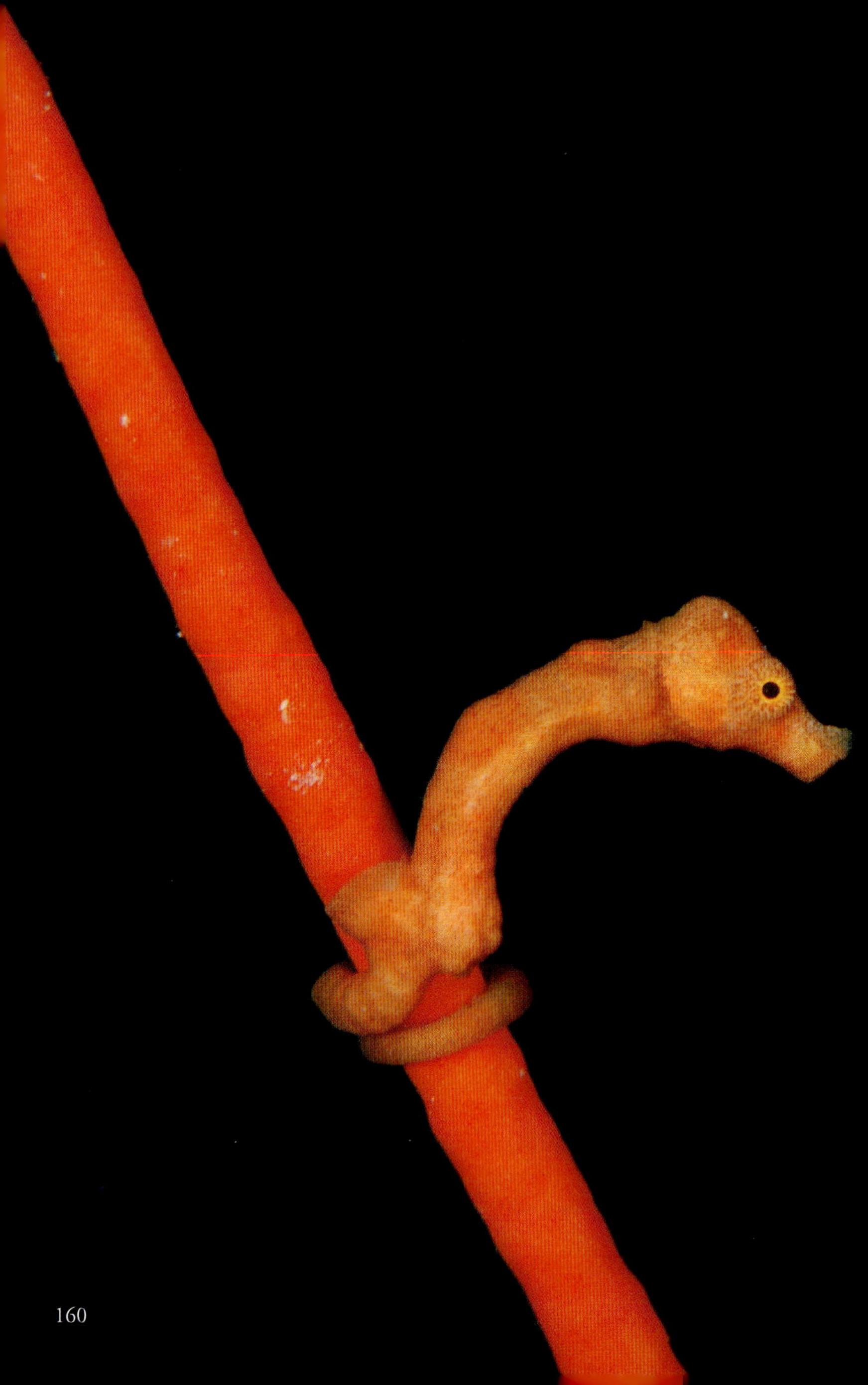

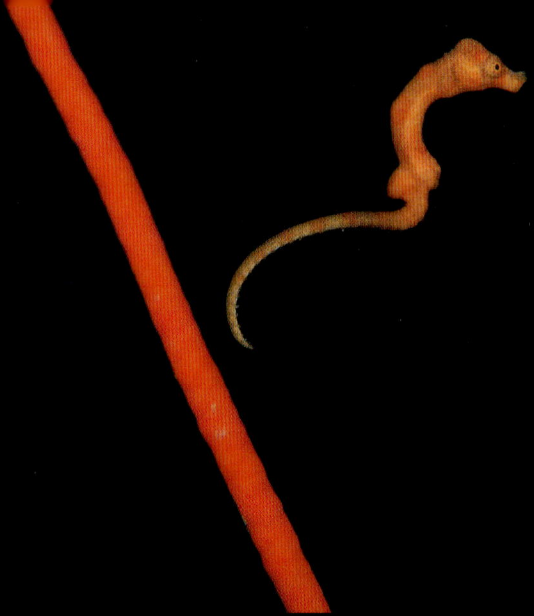

　海に潜り始めた頃、魚のように泳いでいるものは、たまたま偶然に僕の前にいるのだと思っていた。長く潜るうちに、どちらかというと、棲家をもっているものの方が多いことに気がつく。人が大昔、強い敵から身を守るために棲んだ穴を家と考えれば、多種多様な家が海にあふれている。

　縄張り、餌を確保するために必要な空間や、大洋を泳ぐ鮫でも、なわばり意識が強いとされるメジロザメの仲間がいるように、ある範囲の空間が家ともいえる。

　実際、ある種のベラの雄の縄張り争いを見ていると、僕らには見えないが、明確な線引きがある。国境のようなものだ。時には海底の大きな岩の中間ということもある。人と同じように、この線引きは、普段から互いに確認され、儀式的に見えることもある。２匹の雄は、いつも同じ場所で互角にはりあう。ＡがＢの縄張りに入るとＢが強く、その逆ではＡが強い。必死の度合いの問題に見える。そしてすきあらば、自分の縄張りを広げるチャンスをねらっている。

タツノオトシゴの仲間
全長 2cm｜沖縄県 伊江島｜水深 25m
この種のヤギに棲む。このように選択的に宿主を
選ぶものも多いが、理由はわかっていないものが多い。

海の棲家

ワレカラモドキ
全長 2cm｜静岡県 城ヶ崎｜水深 25m
毒針をもつシロガヤに棲む。
おそろしげな姿だが、子供を守る
けなげな姿をみかける。

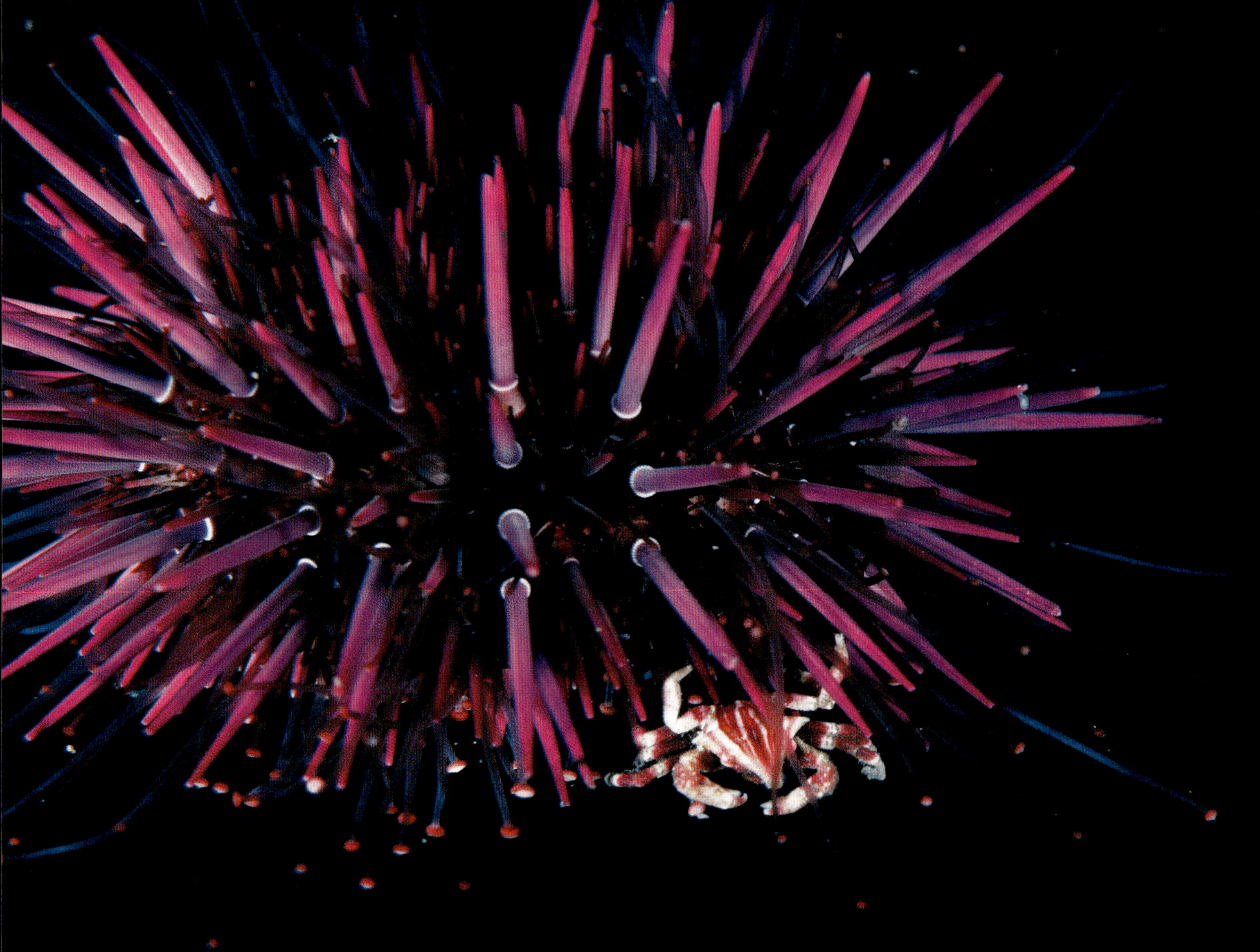

アカウニに棲むケブカゼブラガニ
甲幅 1cm｜静岡県 城ヶ崎｜水深 5m
針で武装したウニに棲むのは、一つのアイデアだ。
小さなエビ、カニなどに多い。

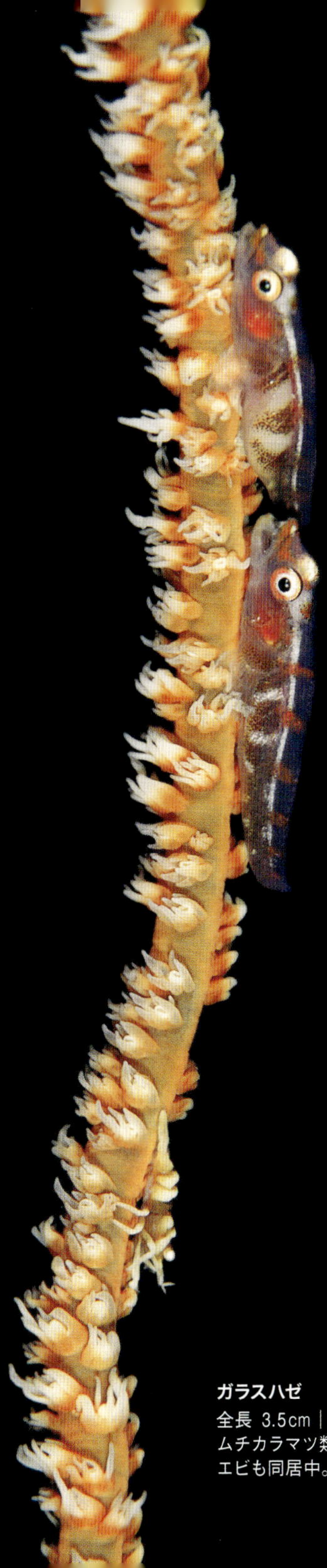

ガラスハゼ
全長 3.5cm｜鹿児島県 奄美大島｜水深 10m
ムチカラマツ類にペアで棲み、卵もここで育てる。エビも同居中。

ムチカラマツエビ
全長 1.2cm｜インドネシア バリ島｜水深 20m
1本のムチカラマツに多数の個体が棲むと、いさかいがおこるのは人と一緒。上から2番目が1番上を追い払った。

入りの住まい

水深30センチほどのごく浅い場所に暮らすカエルウオ。小さな岩の穴などが好きだ。

カエルウオが顔を出すのは、建築用の足場の単管。ダイバーの梯子として作られたものだ。海底に捨てられた空き缶、瓶、タイヤなどのゴミも、棲家として、あるいは産卵場所として、都合がよければあっという間に利用されてしまう。多分、棲家をめぐる闘いは激しいのだろう。

カエルウオ
全長 12cm｜東京都 大島｜水深 1m

ただのり

　他の生物をまるで、自分の棲家のように利用するコバンザメ。ちなみに鮫の仲間ではない。寄生虫や排泄物を食べ、時には餌のおこぼれもちょうだいするという。

　アカウミガメは、コバンザメに食いつこうと試みるが、無駄な努力だった。あまり気持ちのいいものではないのだろう。大きな魚についていないコバンザメは、相手を探しているのだろう。時にはダイバーにさえくっつく。

コバンザメの吸盤
全長 30cm｜オーストラリア サンゴ海｜水深 20m
吸盤が小判型なのが名の由来。
吸盤の負圧で他の生き物につく。

アカウミガメ
甲羅長 1m｜カリブ海 バハマ諸島｜水深 10m
コバンザメの仲間
全長 40cm

住居か罠か

アカクラゲにつく種不明の稚魚
全長 2.5cm｜山口県 青海島｜水深 1m

アカクラゲの毒は比較的強い方で、おそらくこの魚が触手に触れれば捕らえられてしまう。毒針の要塞や、隠れ場所としてのクラゲは、捕食者に対しては有効だろうがリスクもある。実際捕食されている魚も見る、諸刃の剣だ。

例外もある。エボシダイは稚魚から幼魚期にカツオノエボシのような強力な毒のあるクラゲ類に棲む。免疫があるのだ。クラゲに隠れ、クラゲを食う甲殻類もいる。クラゲは、隠れるものの少ない海面や中層で、隠れ場所を提供する貴重な家のような、罠のような存在なのだろう。

イルカやクジラの撮影で、隠れる場所のない外洋の水面に身をおいた時、それは生き物の本能か、人がつないできた記憶か、身をふるわせるような怖れを感じることがある。鮫がいるからという理由もあるが、体の中からわいてくる記憶のようなものにも思える。

水深1000メートルの海に一人浮いた時、近くにいる仲間と、身をよせるものが心から欲しくなるのだ。

カンザシヤドカリ
穴の直径 5mm｜沖縄県 慶良間諸島｜水深 7m
サンゴに穴を開けて棲んでいたイバラカンザシ（ゴカイの仲間）が死ぬと、そこに棲みつくヤドカリの仲間。いわば空き家の利用だ。長い羽状の触角で、プランクトンを濾しとり食べる。

アカツメサンゴヤドカリ

イシダタミヤドカリ

廃物利用

貝殻という堅くて安全な棲家を利用するヤドカリ。片方のハサミ脚が大きいのが普通で、危険を感じると貝にひっこみ、大きい方のハサミ脚で入り口に蓋をする。

そんなヤドカリにも悩みがある。体が大きくなると「引っ越す」必要があるのだ。新しい貝殻を見つけると、入り口からハサミ脚を差し込んで大きさを測っている姿をよくみかける。中でハサミ脚の指を広げて測るのだという。時には、隠れる場所のない砂地に数十匹も集まっている時がある。最後まで確認したことはないが、まるでみんなで集まって、貝殻交換をしている感じなのだ。大きいものが別の貝に棲むヤドカリを引っ張り出して貝殻を奪う。結果的に奪われた方も、より適正な大きさの貝になることもあるだろう。

ヤドカリは常に住宅難にさらされている。ヤドカリの生息数は、その場所にある貝殻の数によって決まるという。

流れる暮らし

流れ藻は、日本では初夏の沿岸で普通に見られる。主にホンダワラ類の海藻が、流れや波にひきはがされて、沖に流れでたものだ。海面に漂う流れ藻には、魚類の稚魚や小型の節足動物が集まる。ブリやアジの稚魚がついていたり、サンマが卵を産みつけたりする。一つの生態系といわれることもある。隠れるものの少ない水面では、貴重な場所なのだろう。

ある日、西表島の港に流れ藻が押し寄せた。名前のわからない何種類もの稚魚、若魚、ダツやサヨリの仔、当然ながらハナオコゼもいる。餌に困りそうもないし、ライバルになる種もいないようだ。港にかたまった流れ藻は、波で激しく揺れる。揺れをさけたのか、ふと見ると1匹のハナオコゼが、港の壁に足のように使える鰭でつかまっていた。時々、

その場所に潜ると、ハナオコゼも消えていた。波と流れとともに旅する流れ藻とともに、また旅を続けたのかもしれない。

初夏の沖縄の水面を流れる藻を採集し、バケツの中でふってみると、何匹もの1センチほどのハナオコゼの稚魚が出てくる。大きな顔が可愛い彼らも、ずっと流れ藻とともに生きるのだろう。一風かわっ

サンゴイソギンチャクとクマノミ
全長 10cm｜高知県 柏島｜水深 8m

刺胞という毒針をもつイソギンチャクに棲むクマノミ類。日本に6種。種によって好みのイソギンチャクがある。クマノミ類は、イソギンチャクの毒に免疫をもつが、生まれついてのものではないことが知られている。そのため、卵の孵化時には、親はイソギンチャクの触手に食いつき、危険な触手をひっこめさせる。

ウミシダとウミシダウバウオ
全長 3cm｜高知県 柏島｜水深 10m

ウミシダウバウオは、花のように見えるウミシダ類の腕の間で暮らす。鱗はなく、体は粘液でおおわれている。ウミシダの腕には粘着力があるが、その中を自由に動き回り、ほとんど外には出てこない。

ガンガゼに棲むガンガゼエビ
全長 3cm｜鹿児島県 奄美大島｜水深 10m

ガンガゼの長い針の間で暮らす。この場所に適応した細長い体形と色だ。針から針に自由に泳ぎ、飛び移る。面白いことに、頭は常に針の根元の方にむけている。より安全な、針の根元に逃げやすいからだろうか。よく似たガンガゼカクレエビには、体に太い白線がない。

シャコガイと共生するウミショウブハゼの仲間
全長 3cm｜オーストラリア｜水深 8m

貝は、影を感じると殻をとじるのでなかなか安全な棲家だ。シャコガイの外套膜の色は個体によっていろいろで美しい。

サンゴに暮らす

サンゴ塊　全幅 1.2m｜沖縄県 水納島｜水深 23m

サンゴ礁の種の多様さは、一度海に潜ってみれば誰もが納得するだろう。サンゴ礁の総面積は地球の0.1%。確認された種は地球の全生物170万種のうち9万種をこえるという。堅い骨格と複雑な形は、小さな生物が隠れ棲むには最適だし、サンゴが出す粘液やそこに付着する有機物を食べる甲殻類や、堅いサンゴに孔を開けて棲む貝やゴカイの仲間も多い。

左の写真、直径1メートルほどのサンゴがあった。沢山の魚が棲み、小さなエビやカニが暮らしていた。1年後なんの理由かわからないが、そのサンゴは死んでいた。こうなると、ほとんど棲むものはいない。このまま壊れてしまうこともあるし、残った骨格の上に新しいポリプがついて表面をおおい、復活することもある。

1年後 死んだサンゴ

セアカコバンハゼ　全長 3cm｜高知県 柏島｜水深 5m

セダカギンポ　全長 3cm｜沖縄県 伊江島｜水深 7m

タスジコバンハゼ　全長 3.5cm｜高知県 柏島｜水深 7m

砂地に暮らす

チンアナゴの仲間
全長 30cm｜インドネシア バリ島｜水深 25m
巣穴から体を出し、流れてくるプランクトンを捕食中。
潮通しのよい砂地に穴を掘り群れて棲む。

アゴアマダイ科の一種
全長 8cm｜沖縄県 水納島｜水深 8m
砂地に穴を掘り、周りは石でかためる。
不自然な石の並び方があれば、この魚を含めた生き物の巣穴だ。

ヤシャハゼとコトブキテッポウエビ
全長 9cm｜ミクロネシア パラオ｜水深 23m
テッポウエビは巣穴を掘り、ハゼはその穴に共生する。ハゼが見張り役で、エビのヒゲはハゼに常に触れている。体をふるわしたり、尾鰭で穴をふさいだり、いろいろな信号をエビに送る。共利共生の典型だ。

一見棲むものの少なく見える砂地だが、砂地に棲む生物は、思いのほか多い。巣穴を掘り、粘液や小石を使って器用に我が家を作れば、かなり安全だ。

危険を感じると、砂の中に潜るカニやエビや魚。砂を器用に一瞬でかぶることのできる魚も多いし、ベラの仲間のテンス類のように、潜った場所を掘ってみてもけっして見つからない魚もいる。砂中を泳いでいるのだろうか？

伝
子

海の中での闘いといえば、食いつ食われつをのぞけば、同種同士の闘いがある。雌の獲得をめぐる雄同士の闘い。あるいは雌が安心して産卵するための場所をめぐる闘い。なわばりの維持のための闘いだ。海中にしろ陸上にしろ、自らの遺伝子を残すため、生きるために必要な資源であるエサと縄張りの、ひいては雌をめぐる闘いは続く。

オオカズナギは毎年初夏に巣穴を、そして配偶者をめぐって争う。先に巣穴を占拠したものの所にライバルがあらわれたりすると闘争が始まる。その闘いはすさまじく、長い時は30分も続くことがある。まるで口の大きさ比べをしているように見えて少し笑えるが、体当たり、かみつき、体でのしめつけ、何でもありだ。雌同士も闘う。同じように口を大きく開け、口で押し合うことが多い。面白いのは、雄同士、雌同士の闘いの場にいる異性が２匹の闘いには無関心なことだ。

オハグロベラの雄同士の闘い
全長 12cm｜静岡県 富戸｜水深 8m

オオカズナギの雄同士の闘い
全長 20cm｜山口県 青海島｜水深 10m

勝者の色

　冬から春先、コウイカは産卵のため浅い所にやってくる。雄は雌の産卵時に寄り添う。他の雄から守るためだ。僕のことをあまり気にしなくなるので撮影は容易になる。

　他の雄が近づいてくると、普段は茶色がかった色から派手な白に色を変える。雌と近づいてきた雄の間に位置して、威嚇のため腕を振り上げる様子は見事だ。尻をぶつけあい、時には腕でからみつくような攻撃をしかけ、手前の雄が奥の雄を、追い払うことに成功した。

　負けた雄は、文字どおり少し色を失って去っていった。勝った雄の美しい発色は、強い雄の象徴、雌への大切なアピールなのだろう。

　やがて雌は海底に近づき、腕で砂地をなでている。卵に砂をまぶしてカモフラージュしているのだ。そして大切そうに一個一個、1センチ強はある卵を海藻の根やソフトコーラルに産みつける。この時は廃棄された漁網だった。産卵後の雌は休む。雄は雌より少し派手だが普通の色になって、雌に寄り添っていた。

茶色の雌を守るコウイカの雄
胴長 20cm｜山口県 青海島｜水深 20m
内湾的な砂泥底に生息。鰭の付け根の細い銀色の帯が特徴。
背面は茶色に黒斑。雄は白の霜降り模様がある。

喰らう

イカの仲間は眼が大きいものが多い。眼がいいのだろう、夕暮れ時の暗い時間にさかんに狩りをしている。

日本沿岸のアオリイカには少なくとも３種が確認されている。本州では、春から夏に海藻や沈木に産卵する。25日ほどで孵化した子供は約7ミリ。稚イカたちはいっせいに水面めざしてかけあがる。待ち受ける魚からのがれるためだ。そして驚くべき早さで成長する。12月中旬には最大20センチ。真冬は沖ですごし、成長して翌年の5月頃には産卵場の沿岸にあらわれる。その時の雄は最大40センチ。数回の交接、産卵をおこない、その一生を終える。

１グラムもなさそうな稚イカが、１年で５キロにもなる。約5000倍だ。どん欲で優秀なハンターでなければ、それだけの成長はできないのだろう。１年ですべてを終える命、「一年の一生」ならではの芸当だ。

カマスを捕らえたアオリイカ
胴長 20cm｜静岡県 大瀬崎｜水深 3m

生死の境目

　ヤイトハタがハリセンボンを捕らえる。ハリセンボンが水を飲み込んで針を立てるまで数秒の時間がいる。体をしめつけられては水も飲めないだろうが、ハタがこのまま食うには針はとてもじゃまそうだ。
　さてこの勝負、どちらが勝ったのだろうか。獲物をくわえた生物はほとんど逃げていくので、なかなか観察することができない。水中撮影のつらい部分である。

ヤイトハタ
全長 1.2m｜インドネシア バリ島｜水深 20m

沈黙の殺し屋

　ウリクラゲの口は体の下端に開く。飲めるものは何でも飲みそうで、時には自分の体の3倍もありそうなものにすいついている。すいついたまま、口を少しずつ広げていく。一体どのくらいの大きさのものまで飲めるのかは不明だが、水分の多い柔らかい体だからできる芸当だ。あばれることもなく、大げさな動きもない。静かに飲み込むだけだ。

　今まさに食われかけているフウセンクラゲは、長い小枝のついた粘着力のある触手にくっついたものを飲み込む。触手に獲物がつくと、触手はちぢみ出し、フウセンクラゲの口に近づく。その時にはすでにクラゲは口を広げている。魚や甲殻類の捕食とはちがい、静かにゆっくりと物事が進んでいく。それは、見ている僕に、よけいにおそろしさを感じさせた。

フウセンクラゲを食べるウリクラゲ
両種とも全長 5cm｜山口県 青海島｜水深 5m

求める

コウイカの仲間は、雌の前でさかんに腕を不思議な形にする。おそらく求愛行動だろう。イカの仲間には、求愛時に体を倍以上に長くのばし、まるで棒のような、おかしな姿になり雌にアピールする種もいる。イカだけを見ても、種によってさまざまだ。このようなやり方は、どのようにしてできあがってきたのだろうか。長い時の間に、少しでも強く雌にアピールする方法があみだされてきたのだろうか？

ユニークな求愛を見ると、なぜか笑顔になってしまう。

コウイカの仲間
胴長 5cm｜静岡県 城ヶ崎｜水深 5m

オオカズナギの求愛

全長 20cm｜山口県 青海島｜水深 8m

左が雄、右が雌。求愛時の雄と雌は逃げたり、からみあったりとなかなか仲睦まじい。

夕暮れの儀式

日没直後に産卵する種は多い。昼行性の生物が活動をやめ、まだ夜行性の生物が動き出さない前の時間が最適なのだろう。

アカオビコテグリの雄は産卵前に縄張りを、その時は水深５〜25メートルあたりを巡回していた。彼のあとをつけてみると5個体の雌を撮影できた。雄がどこにいるのかだいたい知っているようだ。日没直前、雄と雌４個体が水深25メートルの岩の間にできた小さな砂地に集まり、雄がさかんに求愛していた。やがて付近が暗闇に包まれると、産卵が始まる。いざ、雌を胸鰭にのせ産卵を始めようと、２匹は上昇する。雌の体に力がみなぎると、背鰭が立ち、比較的大きな卵が産み出された。

ゆっくり上昇するが、産み終えて海底にもどる速度は、どんな種類の魚でも一瞬である。撮影不能なほど速い。無事に産卵を終えて、次の雌だ。またペアで上昇を開始した時、他の雌が体当たりして邪魔をした。順番に問題があるのだろうか？結局、その晩は４匹の雌と産卵したが、５匹目の雌はどうしたのだろう。隣の縄張りの雄と産卵したのではないかと想像した。雄は来るものは拒まずなのだろうから。

アカオビコテグリの産卵
雄 8cm 雌 4cm｜東京都 大島｜水深 25m
雄は雌を胸鰭にのせ、海底から上昇する。
海底から60センチ程度で撮影

合図

キクメイシの仲間の放精
沖縄県　西表島｜水深 10m

満月の前後の夜、水温も含めたある条件の中、サンゴはいっせいに産卵する。少し前に、海水中に合図のフェロモンが満ち、サンゴは卵を作り出すのだという。

そして、その日がやってくると、卵と精子が産み出される。いくつかの種では、産卵時間がかなり正確に読めるようになり、観察は容易になった。

キクメイシの仲間の産卵
沖縄県　西表島｜水深 10m

キクメイシの仲間の産卵

沖縄県 西表島｜水深 10m

ピンク色の卵が産み出され、海中に旅立つ。

ヒオドシウミウシの仲間の産卵

全長 6cm｜静岡県 八幡野｜水深 25m

白いベルトの中に、沢山の卵が織り込まれている。

カクレクマノミの産卵

全長 6cm｜沖縄県 伊江島｜水深 10m

ペアで産卵中。クマノミ類はペアで協力して卵を保護する。
大きい方が雌、オレンジ色が産み出されたばかりの卵。
卵は成長するに従い色が変わっていく。

ニッポンウミシダの産卵

腕長 15cm｜和歌山県 須江｜水深 15m

ウミシダはウニやヒトデ、ナマコなどと同じ棘皮動物に分類される。起源は古く、約2億年前にあらわれたとされる。神奈川県三崎周辺の記録では、ニッポンウミシダは1年にたった一度、10月の小潮の日の夕刻付近、雌雄が放精、放卵を一斉におこなう。

命のリズム

　すべての生き物は、太陽と月のリズムとともに生きているのだろう。昼夜という形もあれば、潮のリズムという形もある。太陽と月と地球が一直線になる日、満月と新月の日、潮の満ち引きは最大になり大潮と呼ばれる。１日の中にも、ほぼ２回、満潮と干潮のリズムがある。海面の高さをグラフにすれば、ちょうどバイオリズムの表のようだ。

　干潟に生きるカニは、きっちりと潮が引いた時間に、エサを食い、求愛し、日々の営みをおこなう。水が海から押し寄せる前に、巣穴に蓋をして引きこもる。その正確さに驚かされる。人はその理を知って、食を得るために釣りをする時間を決める。

　生き物たちは、私たちも含めて、小さな日々のリズムと大きな月齢のリズムとともに生きている。
　それは星が作り出すリズムにほかならない。

コブシメ
胴長 30cm｜鹿児島県 奄美大島｜水深 12m
雄が雌に精子の入ったカプセルを渡している。
こうなる前には、雄同士の激しい闘いがある。

−20m Coral Sea Australia

産卵中のアマクサアメフラシと卵嚢
全長 20cm｜静岡県 大瀬崎｜水深 7m
卵塊はウミゾウメンと呼ばれ、紐の中に多数の卵がある。

命をつなぐもの

すべては卵から始まる。そんな言葉がある。私たちも1ミリの1/10ほどの卵からわずか10カ月ほどの間に数十兆の細胞が組み合わされた人になる。えらやしっぽのある時期をへて、38億年の生物の進化の歴史をなぞるように。

卵と精子は普通の細胞とちがい、親から受け継いだ染色体を半分しかもっていない。卵と精子が受精して受精卵になった時、再び染色体の数が普通の細胞とおなじになる。ここから私たちを含めたすべての多細胞生物の歴史が始まる。

卵とは一つの細胞なのだ。単細胞生物のゾウリムシは、当然移動し、食べ、分裂して増えることができる。そして私たちの数十兆個といわれる細胞も、ヒトデやウニや魚の細胞も、やはり同じような複雑さや力をもっているのだという。

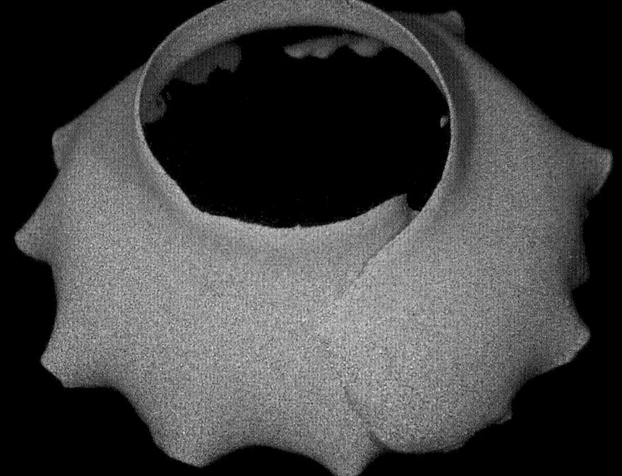

ツメタガイの卵嚢
直径 8cm｜静岡県 大瀬崎｜水深 5m
砂茶碗と呼ばれ、貝が粘液で砂をかためながら、
卵をうめ込んでいったものだ。

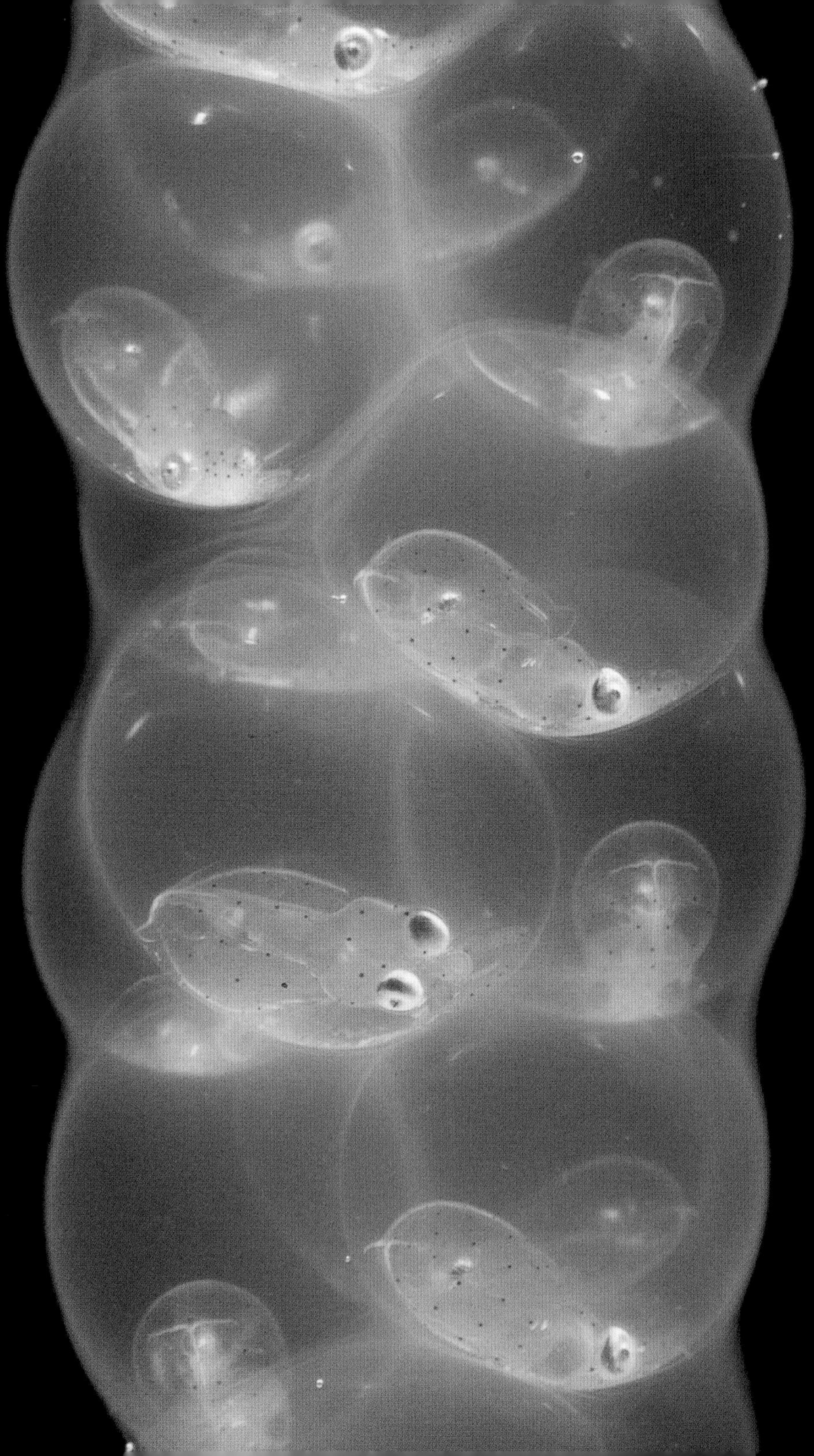

神秘の入れ物

ヤリイカの卵嚢
全長 15～20cm 程度｜静岡県 大瀬崎｜水槽撮影
産卵後およそ1カ月。

ちょっと僕らの目で観察しやすい大きさのヤリイカの卵。産みつけられた卵の中に透明なツブのような何かがあるのが見える。やがてその形は変わり、さらに赤い眼のようなものが見えてくる。だがまだイカの形ではない。また次の週に訪れると、僕らになじみのある黒い眼ができていて、いつのまにかイカらしい体つきになっている。驚くことに、体中に色素の斑が出て、それは時々広がったりちぢまったりして、卵の中で色を変えた。ただの粒は、いつのまにか命になり、呼吸のせいなのだろうか、イカの子供は規則正しく、文字どおり息づいていた。

ヤリイカの卵は、岩の下のくぼみなどに産みつけられ、一つの白色半透明の莢（袋）の中に、複数の卵がゼラチン状の物質とともに螺旋状に配置されている。卵を包む莢は、なんらかの「まずい」物質や抗菌物質を含んでいるようで、腐敗しにくく、ほぼ魚に食べられることはない。カジカの仲間やアオウミガメが食べる所を目撃したという報告はある。また、稚イカが孵化する頃に、その前で孵化を待っている魚はいる。

普通孵化は夜におこなわれることが多いけれど、ある午後に偶然目撃した。まだ少し明るさの残る海底。稚イカは、魚たちが待っているのを知っているかのように、孵化直後に墨をはき、敵の少ない、目立ちにくいと思われる水面にむかって必死に上昇した。

ナヌカザメの卵嚢
高さ 10cm｜静岡県 城ヶ崎｜水深 30m
孵化するまで1年。人魚のサイフと呼ばれ、
刺胞動物にからみついている。
プラスティックのような殻の中に卵が見える。

過酷な旅路

アイナメの卵塊
画面の幅 3.5cm｜静岡県 大瀬崎｜水深 10m

ミカドウミウシの卵嚢
画面の幅 10cm｜東京都 小笠原諸島｜水深 7m

貝類の卵嚢
幅 3cm｜静岡県 城ヶ崎｜水深 5m

貝類の卵嚢
高さ 1.5cm｜静岡県 城ヶ崎｜水深 7m
筒のようなカプセルの中に、ピンク色の卵が多数入っている。

カプセルにしこまれた大量の貝類の卵。1年かけて稚魚を育むナヌカザメの卵。産みっぱなしにされる大量の卵。

大量に産まれ、浮遊している稚魚や幼生のうち、運良く敵の目をのがれ、成長して本来の生息場所にたどりつけるものは、いったいどれほどの確率なのだろう。3億もの卵を産むという、マンボウのことを考えると、成長できたということは、それだけで奇跡に近いことなのかもしれない。目の前に生きている生き物たちが、愛おしく思えてくる。

漂う卵嚢

卵嚢の長さ 50cm｜山口県 青海島｜水深 2m
ゼリーでできた1枚の布のような卵嚢に、多数の卵がうめ込まれている。
カエルアンコウの仲間のものと思われる。

ウミショウブハゼの仲間
全長 3cm｜インドネシア バリ島｜水深 15m

ナカモトイロワケハゼ
全長 3cm｜沖縄県 水納島｜水深 23m

まもり育てる

浮遊性の卵を産むものは産みっぱなしだが、何かに産みつけるような沈性卵を産むものには、卵を保護する魚が数多く知られている。

左のウミショウブハゼの仲間は、ホヤに卵を産み、ホヤの作る水の循環で卵に新鮮な水を送り、それをペアで守っている。ナカモトイロワケハゼは、貝殻などを利用するが、この時は牛乳瓶だった。

より高度な卵の保護方法をもつ種もいる。口の中で卵を育てる口内保育、体に卵をつけてもちあるく魚。タツノオトシゴの仲間は、雄の育児嚢の中で孵化した子が、ある程度成長して産み出される。

カサゴやメバル、鮫の一部は、体内で受精・孵化し、一定期間保護されたあと産み出される胎生だ。親からの栄養の補給をうけないものも、母体から栄養を補給されるものもいる。テンジクダイの仲間には、口内保育で産まれた子が親の側にとどまり保護される種もいる。何か危険があると、口の中に逃げ込むのだ。

ヨツメダコ
胴長 5cm｜宮城県 志津川｜水深 8m
貝殻と自らの体を使い卵を守る。

海底の賢者などといわれるタコは、卵が孵化するまで手塩にかけて守るものが多い。孵化までの間、親はつきそい卵に新鮮な水を送ったり、死んだ卵を取り除き大切に手入れをする。深海性のタコには、孵化までの１年間、自分の足に卵をつけ、肌身はなさず育てるものもいるという。

コブダイ 1.5cm

2cm

4cm

10cm

幼魚

タテジマキンチャクダイ 1.5cm

3.5cm

6cm

10cm

30cm

50cm

80cm

成魚

11cm

14cm

30cm

似てない親子

魚類では、幼魚と成魚で色と模様がまったくちがうものが数多くいる。あまりにもちがうので別種とされていたものもいるぐらいだ。

タテジマキンチャクダイの仲間は広い縄張りを維持する。その目的の一つは餌の確保だ。彼らは縄張り内に生息するホヤやカイメンなどの付着動物を食べるが、こうした餌には限りがある。同種の他個体が縄張り内に侵入すれば、激しく攻撃して追い出してしまう。このとき同種の認識は色彩にたよっているという。彼らの幼魚は親と同じ餌を食べるので、餌の

イロブダイ　幼魚
全長 2.5cm｜沖縄県 沖縄島｜水深 10m

成魚
全長 50cm｜インドネシア バリ島｜水深 10m

スミゾメスズメダイ　幼魚
全長 1cm｜沖縄県 沖縄島｜水深 1m

成魚
全長 10cm｜沖縄県 沖縄島｜水深 1m

クロスズメダイ　幼魚
全長 2cm｜沖縄県 沖縄島｜水深 1m

成魚
全長 20cm｜沖縄県 沖縄島｜水深 5m

競合がおこる。もし幼魚が成魚と同じ色彩だと、成魚に攻撃されて餌にありつくことはできない。そのため幼魚の色彩を大きく変えておこうというわけだ。

実際に潜ってみていると、幼魚の色彩が魚のサイズと比例しないことに気がつく。親に近いサイズなのに幼魚の色彩のまま、小さいのに親の色彩。幼魚から成魚への色彩の変化は、成魚からの攻撃によってコントロールされていることが知られている。生息の密度が高い場合、強い個体からの攻撃を少しでもかわすためのものなのだろう。

チョウチョウコショウダイ　幼魚
全長 1.5cm｜沖縄県 水納島｜水深 12m

▶

成魚
全長 40cm｜ミクロネシア パラオ｜水深 15m

マダラタルミ　幼魚
全長 3cm｜沖縄県 沖縄島｜水深 7m

▶

成魚
全長 40cm｜ミクロネシア パラオ｜水深 20m

オビテンスモドキ　幼魚
全長 2.5cm｜ 沖縄県 伊江島｜水深 20m

▶

成魚
全長 25cm｜沖縄県 水納島｜水深 10m

不変の強者

　友人のエビ漁師が、誰も撮影したことがない鮫を教えてくれるという。むこうから近寄ってくるおそろしい鮫だ。それは小笠原の無人島、北の島の小さなトンネルの中にいた。シロワニ、今では有名な鮫。おそろしい歯をむき出しにした、鮫のイメージを絵に書いたような鮫である。

　鮫は3億5000万年前にあらわれたとされ、出現時からその姿をほとんど変えていないという。最初から完成された生物といわれることもある。現生の鮫でも1億5000万年は、本質的に何も変わっていないという。鮫肌は、速く泳ぐ時に水の流れの乱れを抑え、生え変わる強力な歯は、生涯に数千本も使われる種もいる。鮫が生き抜いてきたはるかな時の間に、恐竜が繁栄し、滅びていった。

シロワニ
全長 2.5m｜東京都 小笠原諸島｜水深 7m

の中の影

船は東京の南1200キロ、硫黄島にイカリをおろしていた。一日の撮影を終え、船の灯りに揺れる水面を見ていた。光る影がはしる。イワシの仲間と時々翼のような鰭が開くのはトビウオだ。あたりに船の光以外明るいものは何もないから、プランクトンが集まり、魚たちが食べにきたのだろう。しばらく見ていると、突然なにか大きな影が灯りの中を通過し、キラキラ光るものが揺れながら沈んでいった。魚の鱗だ。バチャと音がすると、鮫の見事な三角の鰭が水面からつき出した。

1灯の集魚灯が水面上につるされる。光の届く範囲は直径10メートルほどだろうか。その外側から、餌を食べる魚をねらって鮫が突っ込んでくる。どうして潜ることになったのか、多分若く野心に燃えていたせいだろう。危険も顧みずに、いの一番にニコノスというカメラをかかえて飛び込んでいた。小さいカメラは鮫よけにはならないけれど、ピントをあわせる必要のないニコノスでしか撮れないはずだから。頭に描いた絵は鮫の口に魚がくわえられたシーンだ。そして、まだ見たことがないトビウオの水中写真。フィルムは36枚。

鮫は暗い海中から、突然とんできては一瞬で闇に消えていく。時間にして30分ほどだったのだろうか？　必死に影へむけてシャッターを押した。

トビウオの水中写真は何回も図鑑などに使われ、鮫の写真はこの1枚だけが残った。左に光っているのは、ストロボが水面に反射した光。鮫の捕食は撮れなかったが、一瞬のストロボ光に浮かび上がった鮫の美しいシルエットは今も忘れていない。

メジロザメの仲間
全長 2.5m｜南硫黄島｜水面下

との遭遇

生きた化石と呼ばれる生物が海にはいくつかいる。シーラカンスが有名だ。カブトガニ、そしてオウムガイ。5億年近く前に誕生し、ほとんど進化していないといわれるタコやイカと同じ頭足類。

初期のオウムガイの殻は三角形で、当時の魚類を圧倒していたという。全盛時代には3500種。殻の長さ10メートルという化石も発見されている。その末裔が今のオウムガイだ。

オウムガイの殻の中には沢山の部屋があり、その中のガスと液体の割合を変化させ、浮力を調節する。水深800〜100メートルに棲む彼らは、タコやイカのような運動能力はなく、生きた餌は捕まえられないと考えられている。英名ノーチラス。最初に頭に浮かぶのが、小説「海底2万マイル」や、アメリカの潜水艦の名前だ。

パラオの海底100メートルに餌をいれた籠を沈める。数日後にロープを引き上げる。かなりの重量で大変な作業をしたあとに、水深20メートルでオウムガイと対面した。

数億年も生きてきたノーチラスは、普段見ている生物とはちがった不思議な眼をしていた。はるか遠い過去に繁栄し、すでに仲間は滅んでしまったのに、どうして彼らは生き残ってこれたのだろう？　5億年という感じることさえできない時をこえて…。

籠から出すと、明るさを嫌うのだろう、垂直の崖にそって少しずつ沈んでいく。水深40メートルをこえると、少し触手が外に出始める。暗い深い海をめざし、ゆっくりと沈んでいく姿をもう少しだけ追って、別れをつげた。

アオイガイ

貝殻 1cm｜山口県 青海島｜水深 1m

貝殻をもった浮遊性のタコ。貝殻を2つ合わせると、葵の葉に似た形からの名。別名カイダコ。雌だけが孵化後、炭酸カルシウムを分泌してこの貝殻を作り卵を収納する。雌は25センチ、雄は5センチになる。

ユメゴンドウ　全長 2.5m｜グアム｜水深 3m

陸から海へ

38億年前、海に誕生したといわれる命の中から、生物が陸に上陸したのは5億年ほど前といわれている。そして陸上の厳しい生存競争から海中の餌に注目した動物がいたのかもしれない。それらからクジラ類やカバなどが進化したと考えられている。5000万年前にはクジラの祖先が誕生し、1000万年前には、クジラ類の現生の科がほぼでそろったという。水の浮力が巨大なクジラという生物の誕生を可能にした。進化の歴史の中

人智をこえた存在

生きたクジラを目の前で見たことのある人も少しはふえただろう。例えばマッコウクジラの長さは十数メー

幸運な日

小笠原の南島。周りは断崖で、海への入り口はごく小さい数十メートル幅の入り江があるだけの小さな島だ。人も泳いでしか上陸できない。その親亀はどうやら海の入り口からずいぶん遠くに卵を産んでしまったらしい。そこかしこに、死んで干上がってしまった子亀がいた。海の入り口が見つけられなかったのかもしれない。だが大半は無事海にたどりついたのだろう。そんな風に思いながら、強烈な日射しの中を歩いて、外で待つ船に帰ろうと小さな海の入り口にむかっていた。

ふと黒い動くものが目に入る。1匹の子亀だ。この島には子亀の敵のカツオドリが巣を作るし、普通暗い内に子亀は海にむかうはずなのに…。こんな昼間生き残っているのが不思議だった。やがて子亀は無事海の入り口にたどりつき、何度か波に押しもどされながらも、ついに波にのって海に押し出された。わずか5センチほどの子亀だが、海に入ると追いかけるのがやっとの速さだ。無事自らの場所にたどりついた子亀は、まるで空を飛ぶように、その腕を広げて大洋にはば

縮まる距離

　今イルカと泳ぐことはたやすい。多くの人がそれを楽しんでいる。イルカの写真を撮ることが僕の夢だった頃の話だ。小笠原でイルカが船によって来る度に、船から飛び込んでいた。何百回も。その度に彼らは、かなり深い所まで逃げ、こちらを不思議そうに見ていた。文字どおり遠い夢で、手の届かない夢だった。
　小笠原の友人からあるとき電話があった。この頃、飛び込むとけっこう近づけるよ、と。たまたまだろと、聞き流した次の年にも電話が…「頭に10円玉のマークのある奴がいると、泳げるんだよ！」。そんな風に小笠原のドルフィンスイムは始まった。

　そして次の年、忘れもしない僕にとって記念となる写真が撮れた。小笠原にマグロ穴と呼ばれるダイビングポイントがある。そこで何を撮っていたのだろう、今では忘れてしまったが、ふと気配を感じて顔を上げると、そこに3匹のイルカが僕をのぞき込んでいたのだ。あの笑ったような顔が手の届く距離にあった。むこうから訪ねてくるという初めての経験。その後イルカたちは、僕の友人たちともしばらくのあいだ泳いで去っていった。

かかわりあう命

「10円マークのイルカ」の話だ。たぶん彼は、イルカと人の距離をちぢめてくれる存在だったのだ。彼がいると、イルカたちは泳ぐ人に近づいてくる。そして、人が危険でないことを覚える。イルカの群れの中で、入れ替わりがあるせいだろうか、だんだんといくつもの群れが近づいてくるようになった。

年を経るごとにその距離は縮まり、ついには子供のイルカさえも近づいてきた。それはまるで、人とイルカが遊ぶ、文化のように徐々に広がっていった。

犬や猫は人とともに暮らす面白い生き物だ。だがイルカは、餌をかいさずに人と遊ぶ、ただ一種の生き物かもしれない。異種間コミュニケーション。それは、人の夢。

ミナミハンドウイルカの親子
東京都 御蔵島｜水深 3m

あとがき

海に潜りはじめて40年程たちましたが、今も青く大きな海の風景そのものが大好きです。海は、命の故郷であり、宝庫であり、もしかすると一番容易に野生動物に会える場所でもあります。

海だからこそ可能だった太古から生き残る生物。一生を浮遊し漂い生きるもの。浮力が支える巨大なクジラのような生物。彼らと出会い、撮影後に勉強してみると、最初、可愛く美しかっただけの生き物たちは、いつしか自分の中で、ただただ、すごいものに変わりました。

25年程前からはじめた黒い背景の撮影ですが、なかなか1冊としてまとめられませんでした。デジタル化というカメラの進歩が小さなプランクトンの撮影を可能にしました。本書の5ミリの生物の部分です。その時すべてのパーツがそろったような気がして、この本を組みはじめました。5ミリ、1グラムもない命から、50トン、人間1000人分の命まで、この本の中にはいっています。

万単位の写真から375点の写真を選びました。最初はただ好きな写真を並べただけです。何十回も並べ変えるうちに13章に分かれ、各章にテーマができてきました。文を書き、さらに並べかえるうちに、少しずつ全体のテーマがわかってきました。僕自身が探していたのだと思います。

私たちが、母の中で、鰓のある時期をすごし、尾のある時期をへて人になる。すべての生き物は、たった一つの細胞からはじまり、すべてがつながって、今があるのだということを、なんとなく感じるのです。個として存在する数えきれない程の生き物達のつながりこそ、命と呼ぶべきものなのかもしれません。その不思議をわかりやすく感じさせてくれるのが、僕には海の生き物なのでしょう。

忙しい時代の大量の情報の中で、一日の終わりに、静かに見てもらえる本を作りたいと思いました。海の静けさが好きだからかもしれません。

音楽をききながら、お酒を飲みながら、ゆったりと、一枚一枚めくってほしい。写真には、小さな世界しかうつらないけれど、広い海や宇宙にイメージが広がっていくような、大げさですが、そんなものを目指しました。

最後に、世界中の海で、海と生物のことを教えてくれたガイドの友人達に感謝です。少しでも彼らの愛する海が写っているでしょうか。

この本を作る機会を与えてくれただけでなく、1年以上にわたり大量の作品と駄文のそぎおとし、編集につきあってくれた、創元社の橋本隆雄さん、この写真達をどう読者のかたに見せるか、デザインの変更に忍耐強くつきあってくれたR-cocoの清水良子さん、科学の面から多くの助言をいただいた武田正倫さん、データ作りだけでなく、すべてにおいて確かな助言をくださった、ルート56の関口五郎さんに心より感謝いたします。

そして、冷たい海中で撮影し続けることができる、強い体に産んでくれた母、吉野美智子と、30数年の長い間、一番の理解者であり、僕の写真の一番目のファンでありつづけてくれた妻、スージーこと吉野千都子に、この本を捧げます。

人間性はともかく、あんたの写真はいいと、ほめてくれるのです…

吉野雄輔

監修を終えて

陸にすむ動物でも海にすむ動物でも、進化と適応の不思議と言ってしまえばそれまでであるが、大きさも形も、すんでいる場所も生活ぶりも実に変化に富んでいる。近年は、自分ではまず見られないような動物でさえ動画で見ることができるようになったが、一方、1枚1枚のスチール写真にも記録性という大きな魅力がある。全体が見えるように撮影した“図鑑的な写真”も、特別な角度から撮影した“芸術的な写真”も重要であるが、動物の動きの一瞬を切り取った生態写真には、「次に、どう動くのか」「なぜ、そこにいるのか」「どうして、そんな形や色なのか」というようなことを考えさせる力がある。とはいえ、撮影対象の動物のことをいくら知っていても、簡単に“良い写真”が撮れるわけではない。ましてや、不安定な海中での撮影には並大抵ではない苦労があるだろう。

著者の写真をよく見ると、1枚の写真にどのような情報を写し込むかがしっかり考えられていることがわかる。どの写真も、淡々とありのままの生活を見せてくれるだけでなく、時には動物たちが今にも動きだして、逃げたり、相手を威嚇したり求愛したり、あるいは獲物を捕まえそうに見える。

海の主役は魚である。大きさも形も実にさまざまであるが、魚としての基本的な体制は守られている。一方、海にすむ無脊椎動物は種数も個体数も膨大であるが、そのほとんどは知名度から言えば脇役である。しかし、無脊椎動物は餌として魚類の生活を支える重要な存在であり、また、動物の環境への適応と多様化を解明するための研究対象としても重要である。陸にすむ動物を見慣れた目には、海の無脊椎動物は不思議極まりない形をしているが、撮影アングルの工夫によって全体像がつかめるように工夫されている。

魚類にしても無脊椎動物にしても、それぞれの色や形は、食いつ食われつの自然界で生きていくために、長い時間をかけて変化し、完成されたものである。それをシャープに表現するための工夫が黒バックである。学術論文では黒バックは珍しくないが、ほぼ全ページが黒バックの図鑑とは挑戦的な試みである。しかも単に被写体を切り抜いた写真ではなく、背景となる海の深みや奥行きがそのまま残されているため、どの動物も今にも飛び出てきて、どちらに、どう動くのかが感じられるほどである。また、写真に添えられた文章には、被写体に対峙した撮影者だからこそ語れる感動や驚きが素直に表現されていて、いわゆる学習用・同定用の図鑑とは一線を画している。

本書に登場する生物に関して、可能な限り、名前（種名）を明らかにする努力をしたが、科あるいは属のレベルまでしか分からないものが少なからず残ってしまった。しかし、まだ調べられていない種がたくさんいる海産無脊椎動物の世界なので、標本があったとしても、種名を明らかにするのは難しいかもしれない。種名が確定できなかった写真でも、そのグループの特徴はよく表現されていることから、「〜の仲間」と表現することができた。

結果として、本書に登場する生物にはすべて名前がついている。それはいわゆる和名である。和名は、学術書で使われる学名と違って、基本的には不変である。いい写真があり、和名があれば、その種をさらに詳しく調べるための手がかりは十分である。本書は図鑑としても機能する。

本書を通して、海にすむ動物たちの多様な色や不思議な形は、それぞれの動物が海の中のそれぞれの環境で生きのびるためのものだということを感じ取ってほしいと願っている。

武田正倫

撮影データ

P.32-33

■ P.32

ホシモンガラ	全長 20cm	東京都 小笠原諸島	水深 30m
ヤイトヤッコ	全長 18cm	沖縄県 伊江島	水深 25m
クチバシカジカ	全長 8cm	宮城県 志津川	水深 7m
カスミチョウチョウウオ	全長 10cm	パラオ	水深 12m
レモンバタフライ	全長 8cm	ハワイ島	水深 20m
シマウミスズメ	全長 12cm	静岡県 大瀬崎	水深 10m
キントキダイの仲間	全長 13cm	静岡県 三保	水深 15m
ホホスジタルミ	全長 12cm	沖縄県 伊江島	水深 12m

■ P.33

ナンヨウハギ	全長 20cm	沖縄県 水納島	水深 9m
ヤマブキベラ	全長 15cm	沖縄県 久米島	水深 10m
オトヒメベラ	全長 14cm	静岡県 城ヶ崎	水深 20m
ベニカエルアンコウ	全長 8cm	静岡県 大瀬崎	水深 15m
モンキキンチャクフグ	全長 6cm	沖縄県 伊江島	水深 30m
シロオビブダイ	全長 30cm	沖縄県 瀬底島	水深 20m
ユウゼン	全長 8cm	東京都 小笠原諸島	水深 20m
クロフチススキベラ	全長 2.5cm	沖縄県 西表島	水深 15m

P.40-41

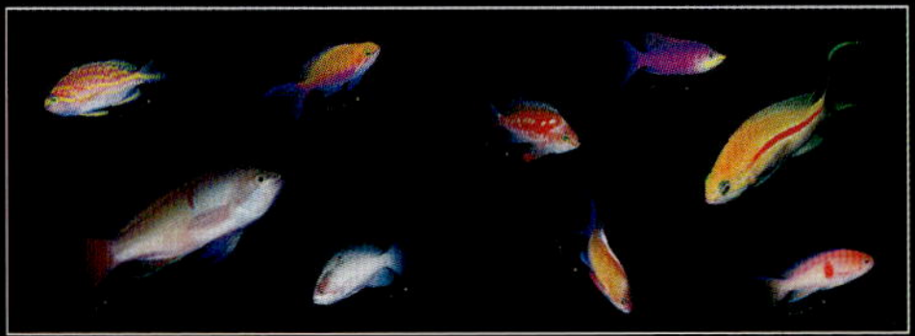

■ P.40

キシマハナダイ 雄	全長 7cm	東京都 大島	水深 40m
カシワハナダイ 雄	全長 9cm	沖縄県 水納島	水深 20m
フタイロハナゴイ 雌	全長 5cm	東京都 大島	水深 23m
ケラマハナダイ 雄	全長 6cm	沖縄県 慶良間諸島	水深 10m

■ P.41

サクラダイ 雄	全長 12cm	静岡県 大瀬崎	水深 30m
キンギョハナダイ 雄	全長 8cm	静岡県 大瀬崎	水深 25m
パープルビューティー 雄	全長 6cm	フィリピン	水深 23m
スジハナダイ	全長 7cm	静岡県 大瀬崎	水深 25m
アカオビハナダイ 雄	静岡県 土肥	水深 25m	

P.4

北西オーストラリアの沿岸からしばらく離れた所にローリーショールズと呼ばれるダイバーあこがれの島々がある。季節的に潜れる時期は少なく、訪れる方法はクルーズしかない。島に上陸すると、今や幻といってもよい熱帯鳥が巣を作り、浜にはオウムガイの貝殻がゴロゴロしていて、本当に人が来ない所なのを実感した。どこまでも澄んだ水、目の前を通りがかったのはカッポレ。

P.6 ── 形

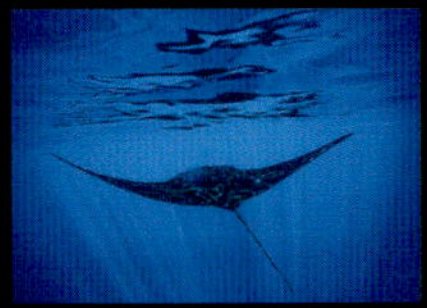

オニイトマキエイ 全幅3メートル。サンゴ礁の浅瀬に現れるナンヨウマンタと区別されるようになった種。外洋で見かける。大西洋の真ん中に位置するアゾレス諸島は、島のすぐ近くで水深は1000メートルに達する場所がある。そのためマッコウクジラなど鯨類の観察が容易だ。写真は水深1000メートルの海域の水面下。海底の反射は無く、青は濃い。

P.26 ── 色

細いムチのようなミゾヤギ。刺胞動物だ。左上の塊はヤギについたホヤ。中央に2つ、多数の触手をもつウミシダ。この腕で、流れてくるプランクトンを捕らえて食べる。潮の流れの強い場所＝沢山の獲物が流れてくる場所に、固着して生きる動物たちは多い。アオ島は大陸から距離があるので水は青いが、アジアの海はプランクトンが豊富で、緑に近い水の色の所が多い。

P.52 ── 浮遊

もっとも普通に見られるミズクラゲ。港の中でも岸壁から見られるし、一番なじみのあるクラゲだろう。主に日本海側で大群に出会うことがある。4月頃か、少し水温がぬるみ始める頃だ。あのユッタリとした動きで潮にのって流れていく大群の中にいると、なにか厳粛な気分になるのはなぜだろう？　この大群の流れは30分も続くことがある。

P.70 ── 顔

伊豆・城ヶ崎の冬の風景。夏はプランクトンが増え、水は緑色に濁る。その栄養が沢山の生物を支えるのは確かだが、水中写真には辛い部分である。2メートルも離れたら何も写らないのだ。海さえ荒れなければ、冬の伊豆の水は澄んでくる。晴天べた凪の絶好の日。少し冷たい水の色。どこからか大きな波が伝わってきて、岩にぶつかり砕けた。

P.86 ── 発光

ミクロネシアのパラオはダイバーにとっての首都といわれることもある。水は澄んでいて、しかも生物の豊富さを併せ持つ世界でも稀な海だ。水深数メートルの所に穴があり、そこから垂直に潜ると壁にイソバナの仲間がついていた。真昼の高い太陽光が穴から差し込み、美しいシルエットを作ってくれた。

P.98 ── 戦略

パラオのシアーズトンネルと呼ばれる場所。30メートルほどの所に大きな穴の入り口がある。入り口を入り、振り返ると見える景色だ。刺胞動物たちと魚が作る風景。写真右が明るい。水面からの光のせいだ。写真左の暗い部分は、水深が深い方向にカメラが向いている。時々、人にとっては無限といえるほど深い海の方へ行きたくなることがある。危険な誘惑である。

P.118 ── 擬態

西オーストラリアのパースから船で、ダイバーあこがれの島ローリーショールズへ向かう。途中、誰も潜ったことのなさそうな場所を調べながら進んでいた。朝から何回目だろう、最後のダイブ。太陽が下がり、光が暖かみをおびる夕方。まだ魚たちも餌をついばんでいるが、そろそろ店じまいの時間だ。魚たちは、日が沈み暗くなったとたんに眠る。その正確さにいつも驚く。

P.134 ── 華

イソバナの仲間の群生。バリの海底は、とにかく豊穣という言葉がぴったりくる。世界でも最も生物の種が多い所の一つだろう。青一色になってしまう海とはいえ、浅い所では色が見えるし、ライトをあてれば、多種多様な生物の色があふれている。わずか数十センチ四方に、どれくらいの色があるのだろう。色の混乱、色の爆発、色の氾濫。どう呼べばいいのかわからない美しさだ。

P.144 ── 群

タヒチのランギロア環礁。サンゴが作った首飾りなどと呼ばれる環礁の上に人が住む。海水が外海から出入りする場所である水道（パス）に沢山の魚が集まる。太洋の真ん中の島で、雨も少なく河もないから水の透明度は抜群だ。40～50センチほどのギンガメアジの大群が、同じ場所で輪を描くように泳いでいる。時々見るが、休んでいるのだろうか。

P.158 ── 棲む

20センチほどのコバンアジの群れ。水面直下に棲むこのアジには、なぜか優雅な印象がある。多分尾をふらないで、静かに移動している様子が優雅に思わせるのだろう。南の海の浅瀬に棲むので、沖縄などの島の海辺では、潜らない人でも見ることができる。たえず変化する水面の輝きに見惚れることがあるが、水面の写真にコバンアジはとてもよく似合う気がする。

P.174 ── 営み

サンゴ礁が島を大きなうねりや波から守る。バリアリーフと呼ばれる由縁だ。規則的にうちよせる波の中の何回かに1回、強く大きな波がやってくる。サーファーはそれを探すのだろうし、荒れた日の水中カメラマンは、逆に小さい波の間のおさまった瞬間にシャッターを押すこともある。水面を見上げると、波と岩が作る爆発が見事だった。

P.192 ── 継ぐ

1メートルほどもあるだろうか、大きなロウニンアジが近寄って来た。彼らは時々ダイバーが出す排気の泡に興味をもつことがある。銀色に輝いて小魚に見えるのかもしれない。アジの仲間は素晴らしい泳ぎ手だ。下から見上げると、その流線型と水平尾翼のような胸鰭が美しい。空気よりはるかに抵抗が強い、水が磨き上げた形なのだろう。

P.206 ── 遭遇

南米エクアドル沖にあるガラパゴス諸島。その中の離れ小島に潜ってみた。ガイドさんも初めてだと言うので、おそるおそる進んでいた。帰り道を意識しながらだ。小高い海底の丘を越えたとき、目の前にサメ達の風景が広がった。休んでいるのか、サメたちはゆっくりと泳ぎ、たむろしているようだった。それは僕にとって、初めての怖い海に潜った、極上のご褒美に思えた。

写真解説

この本は、海の中で一番素直に見たままを撮影した青だけの写真と、背景をすべて省略した、生物の色と形のみの写真を中心に構成しています。

カメラマンがどう撮影したかよりも、ありのままの生物のすごさを見てもらいたいと思ったのです。それが黒い背景です。背景を捨てることで、生物の色と形が、誰が語るより雄弁に、そのすごさを語ってくれるのではないかと思うのです。

各章のスタートの青い写真は、海中の太陽の光だけで撮影したものです。撮影時間や、海底の色による反射の違い、季節による変化もあれば、海水に含まれるプランクトンの量によっても変ります。海の青にも様々な青があり、北の緑に近い青から、南の海の透き通るような青まで、七色の海があります。

黒い背景の写真は、夜の撮影と思われるかもしれませんが、昼間がほとんどです。生物は、本来の活動時間でないと色が変わるものも多いからです。そして2枚を除いたすべての写真を海中で撮影しています。いきいきとした色や一瞬の動きを撮影するためには、本来の場所で撮らねばならないからです。

昼間、黒い背景の写真を撮るには、太陽の光より強い水中ストロボがいります。水中用の小さなストロボですから、その日の海の明るさにもよりますが、限界は被写体まで40センチ程度でしょうか。大きな生物は無理ですから、サメやマンタは夜、ストロボ光だけで撮りました。

一見単純な写真ですが、黒の背景にも様々な黒があることに気がつ

使用機材

■ボディー

キャノン1V
キャノン Eos5D
キャノン Eos5D Mark2
キャノン Eos5D Mark3
キャノン Eos50D
ニコン Nikonos RS
ニコン Nikonos V
ニコン D800
ニコン F4
コンタックス RTS3

■レンズ（キャノン）

EF100mm F2.8 マクロ USM
EF100mm F2.8L マクロ IS USM
EF180mm F3.5L マクロ
EF15mm F2.8 Fisheye
EF16-35mm F2.8L USM
EF16-35mm F2.8L Ⅱ USM
EF24-70mm F2.8L USM
EF24mm F2.8 IS USM
EF70-200mm F4L USM
EF70-200mm F4L IS USM
EF300mm F4L IS USM

■レンズ（ニコン）

R-UW13mm F2.8
R-UW28mm F2.8
UW-15mm F2.8N
Ai 16mm F2.8
Ai 55mm F2.8 マクロ
Ai AF 60mm F2.8D
Ai 105mm F2.8 マクロ

■レンズ（タムロン）

SP90mm F2.5 マクロ
SP90mm F2.8 Di マクロ

■レンズ（シグマ）

70mm F2.8ExDG マクロ

■レンズ（コンタックス）

マクロ プラナー 100mm F2.8
マクロ プラナー 60mm F2.8

■水中用ハウジング

水中技研 キャノン1V
水中技研 5D
水中技研 5D Mark2
水中技研 D800
テール 5D Mark2
テール 5D Mark3
イノン 30D
イノン 50D
Junon F4
Junon Contax RTS3

■水中ストロボ

イノン Z220
イノン Z240
イノン S2000
Sea&Sea YS200
テール キャノン 430EX

■水中ライト

Fisheye FIX Neo 2500 DX
RG BLUE System 01
村上商事 ケルダン 4 FLUX55X
イノン LF2700-W
イノン LF800-N
イノン LE700W

撮影ガイド協力

アーバンスポーツ（山形県 鶴岡市）
アクアキャット（北海道 積丹町）
安良里漁協ダイビングセンター（静岡県 安良里）
伊江島ダイビングサービス（沖縄県 伊江島）
伊豆海洋公園ダイビングセンター（静岡県 伊東市）
いとう漁協 川奈ダイビングサービス（静岡県 伊東市）
大瀬館マリンサービス（静岡県 西浦大瀬）
小笠原ダイビングセンター（東京都 父島）
オランクダイバーズ（高知県 東洋町甲浦）
柏島ダイビングサービス AQUAS（高知県 柏島）
柏島ダイビングサービス SEA ZOO（高知県 柏島）
熊本ダイビングサービス よかよか（熊本県 天草諸島）
Club Azul（東京都 千代田区）
グラント スカルピン（北海道 函館市）
グローバルネイチャークラブ（東京都 大島）
佐渡ダイビングセンター（新潟県 佐渡島）
THE 101（静岡県 伊豆市）
シーアゲイン（山口県 山口市）
シートピア（秋田県 秋田市）
シートピア（東京都 父島）
シーフロント（静岡県 伊東市）
知床ダイビング企画（北海道 羅臼町）
須江ダイビングセンター（和歌山県 串本町）
Scuba World（東京都 世田谷区）
須崎ダイビングセンター（静岡県 下田市）
ダイビングサービス 海だより（長崎県 扇町）
ダイビングサービス L-DIVE（和歌山県 田辺市）
ダイビングサービス ゴートゥザシー（静岡県 伊東市）
ダイビングサービス サンマリン（和歌山県 南部町）
ダイビングサービス シーキング（静岡県 西浦大瀬）
ダイビングショップ 海遊（富山県 富山市）
ダイブエスティバン（沖縄県 久米島）
ダイブサービス YANO（沖縄県 西表島）
ダイブマン（沖縄県 石垣島）
DIVE KOOZA（和歌山県 串本町）
Diving Service 川奈日和（静岡県 伊東市）
美ら海ダイビングセンター（沖縄県 本部町）
南紀シーマンズクラブ（和歌山県 串本町）
ネーチャーフォト（静岡県 伊東市）
ネーティブシーうぐる（高知県 宿毛市）
能登島ダイビングリゾート（石川県 能登島）
PNG ジャパン（東京都 千代田区）
ブレニーダイビングサービス（沖縄県 石垣島）
屋久島ダイビングサービス森と海（鹿児島県 屋久島）
八幡野ダイビングセンター（静岡県 伊東市）
レグルスダイビング（東京都 八丈島）
民宿 鉄砲場&第三鴻益丸（東京都 御蔵島）
ワイラニ スキューバダイビングショップ（静岡県 伊東市）

CARP ISLAND RESORT（パラオ）
Day Dream PALAU（パラオ）
DIVE&DIVE'S（インドネシア）
dive-world.com（オーストラリア）
M.O.C（サイパン）
Paradise World Tours（コスタリカ）
Real World Diving Guam（グアム）
The Dream Team（バハマ）
TRUK OCEAN SERVICE（ミクロネシア連邦 チューク州）

吉野雄輔 ◎よしの・ゆうすけ

1954年、東京生まれ。海と海の生きものを愛する海の写真家。吉野雄輔フォトオフィスを主宰。1982年、フリーの海洋写真家としてスタート。NHK「海のシルクロード」の水中スチール班としてシリアへ遠征するなど、世界80カ国ほどの海を取材。2009年、国内各地をキャンピングカーで取材し、1年間の半分以上は海に潜り、40年余りスチール写真を専門とする。シャープでアーティステックな写真で、多くのファンをもつ。写真集、図鑑、児童書、雑誌、広告の世界と幅広く活躍。著書に『地球2/3海』(マリン企画)、『海の本』(角川書店)、『山溪ハンディ図鑑 日本の海水魚』(山と溪谷社)、たくさんのふしぎ『海のかたち ぼくの見たプランクトン』『イカは大食らい』(福音館書店)など多数。

◎吉野雄輔の海底探検　http://happypai.wix.com/kaitei

武田正倫 ◎たけだ・まさつね

1942年、東京生まれ。九州大学大学院農学研究科博士課程修了。農学博士。国立科学博物館動物研究部部長、東京大学大学院理学系研究科教授、帝京平成大学現代ライフ学部教授を歴任。国立科学博物館名誉館員、名誉研究員、国立感染症研究所寄生動物部客員研究員。専門は海産無脊椎動物学で、甲殻類を中心とした系統分類学、生態学、発生学、動物地理学。900編余の学術論文と総説のほか、『日本列島の自然史』(分担執筆、東海大学出版会)などの学術書、『エビ・カニの繁殖戦略』(平凡社)などの一般書、『絶滅危機生物の世界地図』(丸善)などの翻訳書、『干潟のカニ・シオマネキ — 大きなはさみのなぞ』(文研出版、第41回毎日出版文化賞)などの児童書、『ポプラディア大図鑑ワンダ水の生きもの』(ポプラ社)、『ニューワイド学研の図鑑　水の生き物』(学習研究社)などの図鑑、辞典類に関する執筆、監修が多数ある。

世界で一番美しい 海のいきもの図鑑

2015年6月10日　第1版第1刷発行
2023年2月20日　第1版第9刷発行

著　者　吉野雄輔
監修者　武田正倫
発行者　矢部敬一
発行所　株式会社 創元社
https://www.sogensha.co.jp/
本　社　〒541-0047 大阪市中央区淡路町4-3-6
Tel. 06-6231-9010　Fax. 06-6233-3111
東京支店　〒101-0051　東京都千代田区神田神保町1-2 田辺ビル
Tel. 03-6811-0662

ブックデザイン　清水良子◎R-coco
プリンティングディレクション　関口五郎◎ROUTE 56
印刷所　図書印刷株式会社

ISBN978-4-422-43015-7 C0045